Bernhard Stein

Meine schönsten Modellbahnanlagen

Bernhard Stein

Meine schönsten Modellbahnanlagen

Highlights der 90er Jahre

Kosmos

Mit 162 Farbfotos vom Autor
Die 20 Gleispläne zeichnete Ronald Gruzdov nach Vorlagen des Verfassers.

Umschlag gestaltet von Atelier Jürgen Reichert, Stuttgart. Der Ausschnitt aus einer Anlage des Autors zeigt den Landwasser-Viadukt in der Schweiz

Lektorat und Herstellung von Siegfried Fischer, Stuttgart

Die Deutsche Bibliothek – CIP-Einheitsaufnahme
Ein Titelsatz für diese Publikation ist bei Der Deutschen Bibliothek erhältlich

ISBN 3-440-07788-8
Printed in Germany/Imprimé en Allemagne
Satz und Repro: Typomedia Satztechnik, Ostfildern
Druck und Bindung: Westermann Druck, Zwickau

Der besondere Tipp für alle Modelleisenbahn-Freunde

Im August 2000 erscheint im Kosmos Verlag von Bernhard Stein:

Meine große Welt der Kleinen Bahnen

Autobiografie eines Insiders

Format 13,5 × 21,5 cm; ca: 176 Seiten, ca. 24 Farbfotos. ca. DM 29,90

Bernhard Stein ist einer der besten Modelleisenbahnanlagenbauer der Welt und einer der intimsten Kenner der Szene. Erstmals erzählt er hier die Geschichte seiner ungewöhnlichen Karriere mit einer Fülle von Berichten und Anekdoten. Er berichtet auch über die Entstehungsgeschichten seiner wichtigsten Anlagen, seine Zusammenarbeit mit Faller, Märklin, Trix und anderen, seine Arbeiten für ARD, ZDF und 3sat. Seine Autobiografie ist gleichzeitig ein Stück hautnah erlebte Wirtschaftsgeschichte des internationalen Modelleisenbahnmarktes der letzten 30 Jahre.
Ein Buch, das sich so spannend liest wie ein Krimi und das einen Zeitgenossen porträtiert, der es verstanden hat, seine Ideen durch Ausdauer, Fleiß und persönlichen Einsatz erfolgreich zu vermarkten. Eine wahre Fundgrube für alle Fans der Modellbahnszene. 24 Meisterfotos runden das Werk ab.

Die schönsten Modellbahnanlagen der neunziger Jahre

Ein Wort vorab

Vor zehn Jahren erschien mein erstes Buch unter dem Titel „Bernhard Steins schönste Modellbahnanlagen und Dioramen". In ihm waren die wichtigsten Arbeiten meiner ersten Schaffensperiode aufgeführt, die mit der „Geislinger Steige" im Jahre 1978 begann. Mit dem hier vorliegenden Band biete ich nunmehr eine Auswahl meiner schönsten Modelleisenbahnanlagen und Dioramen in Text und Bild, die während der neunziger Jahre, also während meiner zweiten und vorläufig letzten Schaffensperiode in meinem Atelier entstanden sind. Zwar werde ich als Maler und Schriftsteller auch nach der Jahrhundertwende kreativ tätig sein, doch vor allem die körperlich anstrengende Arbeit des Modelleisenbahnanlagenbaus will ich nach und nach lieber der jüngeren Generation überlassen, deren Bandscheiben noch unverbrauchter sind als meine.

Trotz der Tatsache, daß jenseits der Sechzig auch bei mir die körperlichen Kräfte von Jahr zu Jahr merklich nachlassen, war das vergangene Jahrzehnt das erfolgreichste in meinem langen Berufsleben. Von den vielen Anfragen aus aller Welt konnte ich mir die Aufträge aussuchen, die der Umsetzung meiner kreativen Ideen am ehesten entgegenkamen. Die räumlich beengten Verhältnisse in meinem Atelier schränkten allerdings meine Kapazität stark ein. Die Erweiterung meines Unternehmens scheiterte immer wieder an dem Umstand, daß trotz intensiver Suche weder Fachkräfte noch ein geeigneter Nachfolger zu finden waren. So konnte ich nur solche Werke in Auftrag nehmen, die ich ohne fremde Hilfskräfte in meiner eigenen Werkstatt herstellen konnte. Größere Anlagen mußte ich also in transportfreundlich kleine Segmente unterteilt konzipieren, die man unter Berücksichtigung der kleinsten vorhandenen Öffnungen zum Aufstellort verbringen und dort passend zusammenfügen konnte.

Da ich für umfangreichere Arbeiten außer Haus nicht eingerichtet bin, mußte ich

auf solche Aufträge verzichten, die längere Fertigungsarbeiten am Standort erforderlich gemacht hätten.

Andererseits konnte ich beim Bau der in diesem Buch vorgestellten Anlagen von den während der ersten Schaffensperiode gesammelten Erfahrungen profitieren. Technische Pannen blieben weitgehend aus. Auch bei schwierigeren Techniken, wie zum Beispiel beim Gestalten von Gebirgsstrukturen oder von Gewässern, gelangen, im Gegensatz zu früher, alle gewünschten Details mit der inzwischen erworbenen Routine meist auf Anhieb und ohne zeitraubende Vorversuche.

Ich hätte mir sehr gewünscht, meine fachlichen Erfahrungen an einen geeigneten Nachfolger weitergeben zu können. Leider blieb mir nur die Chance, mein Wissen und meine erworbenen Fertigkeiten durch praktische Lehrgänge und durch die Herausgabe geeigneter Literatur einem möglichst breiten Publikum

zu vermitteln. Wenigstens dabei konnte ich recht zufriedenstellende Ergebnisse erzielen.
Richtungweisend für meine zweite Schaffensperiode war die Bekanntschaft mit dem Architekten O. Sickert, Rosswag, aus der sich eine tiefe Freundschaft entwickelte. In seiner Eigenschaft als Städte- und Landschaftsplaner – außerdem auch als begeisterter Modelleisenbahner – lieferte er mir die Ideen und Entwürfe zu den meisten der in diesem Buch aufgeführten Großanlagen. Aus seiner Werkstätte (Wegas) stammen auch alle in den Bildern gezeigten handgearbeiteten Binnenschiffsmodelle.
Bemerkenswert waren die deutlich rückläufigen Auftragseingänge seitens der modelleisenbahnherstellenden Industrie während der letzten Jahre. Dies lag jedoch weniger an dem zunehmenden Wettbewerb als an meiner von jeher vertretenen Philosophie der künstlerischen Anlagengestaltung nach dem Naturvorbild, wobei ich der Bahn den gleichen Stellenwert zuordne wie dem Umfeld. Doch was anfänglich als das Nonplusultra gepriesen wurde, gilt heute nicht mehr. Offensichtlich passen meine nach diesen Gesichtspunkten realistisch gestalteten Anlagenkreationen weniger in die absatzstrategischen Konzepte der großen Hersteller, die sicherlich gerne mehr Gleise und rollendes Material und weniger „Kunst" verkaufen wollen. Ich hingegen stehe immer noch fest zu meiner Meinung, daß der Trend im Freizeitverhalten jener Menschen, die sich eine Modelleisenbahn leisten können, mehr denn je in Richtung Kreativität geht. Das „Ewig-im-Kreis-Herumfahren" mit möglichst viel Material auf kleinster Fläche wird höchstens kurzfristig den Spieltrieb befriedigen können, aber höheren Ansprüchen über einen längeren Zeitraum hinweg kaum genügen.
Daß meine künstlerisch gestalteten Objekte nach wie vor einen breitgefächerten Interessentenkreis ansprechen und dem Modellbahnwesen durchaus förderlich sind, beweisen die ungewöhnlich guten Verkaufserfolge der von mir herausgegebenen Bildbände sowie das ungebrochene Interesse der nicht branchenbezogenen Medien an meiner Arbeit.
Wie schon beim ersten Bildband sind die nach ihren Entstehungsdaten chronologisch geordneten Anlagenbeispiele durch die entsprechenden Gleispläne mit den wichtigsten Maßangaben ergänzt. Auf zusätzliche Angaben über die verwendeten Radien, Parallelgleisabstände oder Weichenwinkel habe ich bewußt verzichtet. Grundsätzlich kann jeder dieser Pläne in jedes beliebige Gleissystem umgesetzt werden, wenn man beim Nachzeichnen die jeweils systembezogen veränderten Radien, Abzweigwinkel und Maßteilungen berücksichtigt. Die zu den meisten Gleissystemen erhältlichen Gleisplanzeichenschablonen können hierbei recht hilfreich sein.
Es ist mir ein besonderes Anliegen, darauf hinzuweisen, daß dieses Werk von keiner Institution gesponsort wurde. Bei den im Rahmen der technischen Erläuterungen gegebenen Material- und Werkstoffempfehlungen fühle ich mich ausschließlich den Interessen meiner Leserschaft verpflichtet. Weitgehende Neutralität ist mir daher ein wichtiges Gebot. Wenn ich dennoch bestimmte Markenerzeugnisse in Ausnahmefällen namentlich nenne, dann handelt es sich dabei um solche, mit denen ich persönlich aufgrund ihrer speziellen Alleinstellungsmerkmale besonders gute Erfahrungen machen konnte. Oder aber es handelt sich um Industrieerzeugnisse, an deren Entwicklung ich maßgeblich beteiligt war und die in ihren anwendungstechnischen Eigenschaften auf die Erfordernisse der von mir praktizierten Bauverfahren zugeschnitten sind.

So wünsche ich, daß es mir auch mit diesem Bildband gelingt, möglichst vielen Menschen meine Philosophie der kreativen Modellbahngestaltung nach dem Naturvorbild näherzubringen. Für mich jedenfalls ist die Modelleisenbahn mehr als nur technisches Spielzeug. Sie ist mir in erster Linie ein interessantes und wertvolles künstlerisches Gestaltungsmittel. Diese Doppelfunktion bietet demjenigen, der sie in vollem Umfang zu nutzen versteht, einen entsprechend höheren Freizeitwert. Der Begriff „Kunst" steht also auch im Zusammenhang mit der Modelleisenbahngestaltung nicht nur für das handwerkliche „Können". Er steht in gleichem Maße auch für die Geisteskraft, mit der sich ihr Schöpfer im Werk seiner Hände offenbart.

H0-Schauanlage für das Spielzeugmuseum in Trier:
Mosellandschaft mit drei Brücken

Gegen Ende der achtziger Jahre faßte ein Privatmann den mutigen Entschluß, inmitten der Trierer Altstadt ein Spielzeugmuseum einzurichten und dieses kommerziell zu betreiben. Zufällig ergab sich, daß die Firma Faller zu jener Zeit über eine Modelleisenbahnanlage mittlerer Größe und meiner Urheberschaft verfügte, die eine Mosellandschaft mit zweigleisiger Eisenbahnbrücke und Industriehafen zum Vorbild hatte. So war es naheliegend, daß man diese Anlage, die übrigens in meinem ersten Bildband aufgeführt ist, als Exponat für das Trierer Spielzeugmuseum haben wollte. Allerdings war die „Moselanlage", wie man sie bei Faller nannte, damals unverkäuflich, weil sie noch über einen längeren Zeitraum hinweg für die eigene Firmenwerbung benötigt wurde. Der Museumsbetreiber wandte sich deshalb mit der Bitte an mich, ihm eine Kopie dieser Werbeanlage herzustellen, was ich natürlich ablehnte, da ich ausschließlich Unikate liefere. Stattdessen schlug ich ihm eine völlig neues, speziell auf die Bedürfnisse des Museums zugeschnittenes Schaustück mit dem Motiv einer Moselschleife vor. Die Idee gefiel, und wir wurden uns schnell einig.

Im Gegensatz zur Moselanlage der Firma Faller, die in erster Linie dem Zweck diente, die Erzeugnisse des Hauses besonders vorteilhaft zu präsentieren, galt es beim Entwurf zu diesem Schaustück auf der zur Verfügung stehenden Fläche möglichst viele attraktive Details zu zeigen und vor allem viel Betrieb zu bieten. Deshalb schlug ich vor, in die doppelgleisige Ringstrecke einen im Untergrund verdeckten Ausweichbahnhof einzufügen, der in jeder Fahrtrichtung und nach jedem Streckendurchlauf einen vollautomatischen Zugwechsel ermöglicht. Ein solcher Zugwechsel bereichert nicht nur die Szene, sondern schont auch im Hinblick auf den bevorstehenden Dauerbetrieb die Motoren der Triebfahrzeuge, denen während der Aufenthaltsphasen im-

Abbildung oben:
Blick aus der Vogelperspektive auf den Fährboothafen und den Marktplatz des idyllischen Moselstädtchens. Im Vordergrund erkennt man einen Abschnitt der zweispurigen Straßenbrücke.

mer wieder ausreichend Zeit zum Abkühlen verbleibt.

Um das für die Flußunterführung erforderliche Gefälle der doppelgleisigen Hauptstrecke möglichst niedrig zu halten, war es notwendig, auch bei dieser Anlage zwei Wendel einzuplanen. Außerdem sah mein Entwurf einen kleinen Hafenbahnhof mit automatisch gesteuertem Pendelverkehr vor. Wie aus dem Plan ersichtlich, besteht jedoch zwischen den Gleisen der Hafenbahn und der Hauptstrecke keine Verbindung.
Da ich inzwischen über hinreichende Erfahrungen im Dauerbetrieb mit dem Faller-Car-System verfügte, plante ich diesmal zur weiteren Belebung der Szenerie auch realistischen Autoverkehr auf einer zweispurig geführten Trasse mit ein. Die Fahrzeuge, die mit eigenem, batteriegespeistem Antrieb und einer Lenkmechanik mit Magnetfühler ausgestattet sind, folgen einem in der Fahrbahn unsichtbar eingelassenen Leitdraht. Allerdings konnte der Autoverkehr nicht auch unter der Moselschleife hindurchgeführt werden. Deshalb wurde eine dritte Brücke erforderlich. Die Frage war nur, ob das Gesamtbild drei Brücken bei einer Anlagentiefe von nur 1,60 Meter erträgt. Erschwert wurde mir diese Überle-

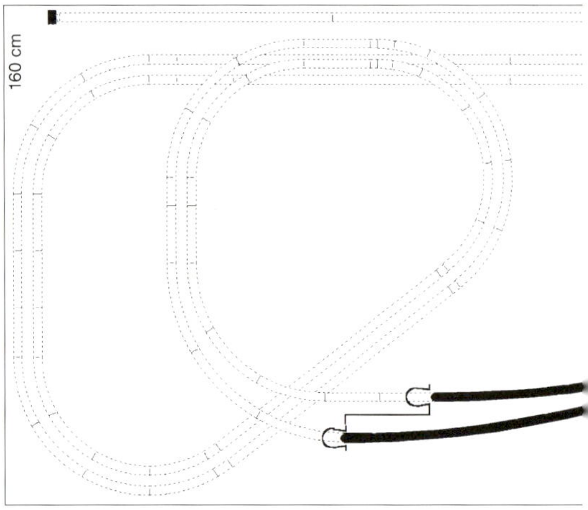

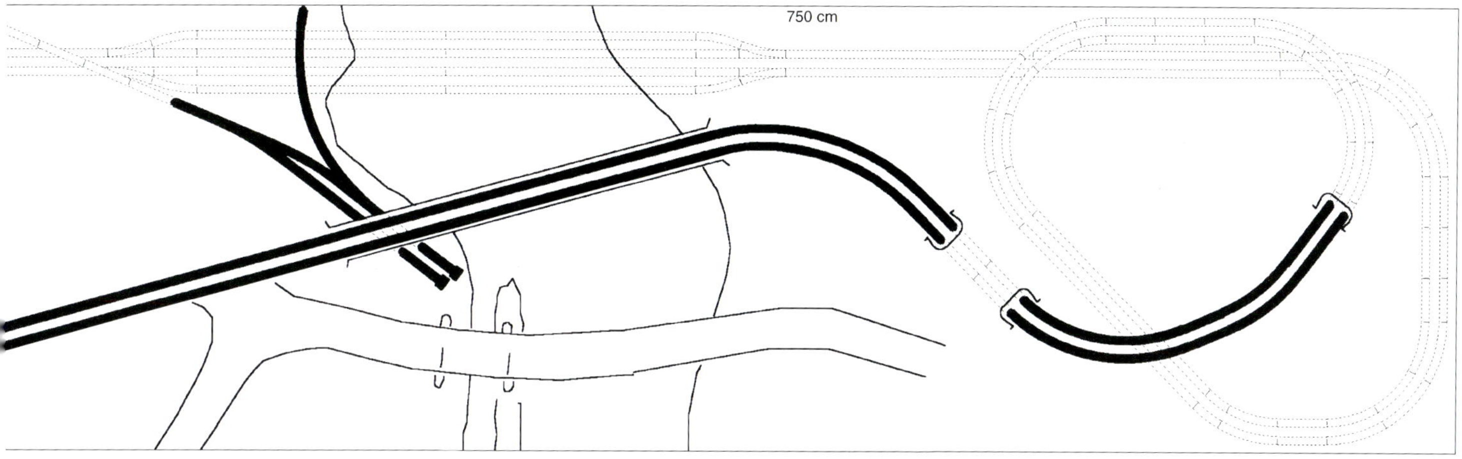

Skizze oben:
Gleisplan zu der hier beschriebenen Moselanlage in der Nenngröße H0. Die Grundfläche beträgt 750 × 160 cm. Die Anlage wurde in drei zusammensteckbaren Teilen zu je 250 × 160 cm gebaut.

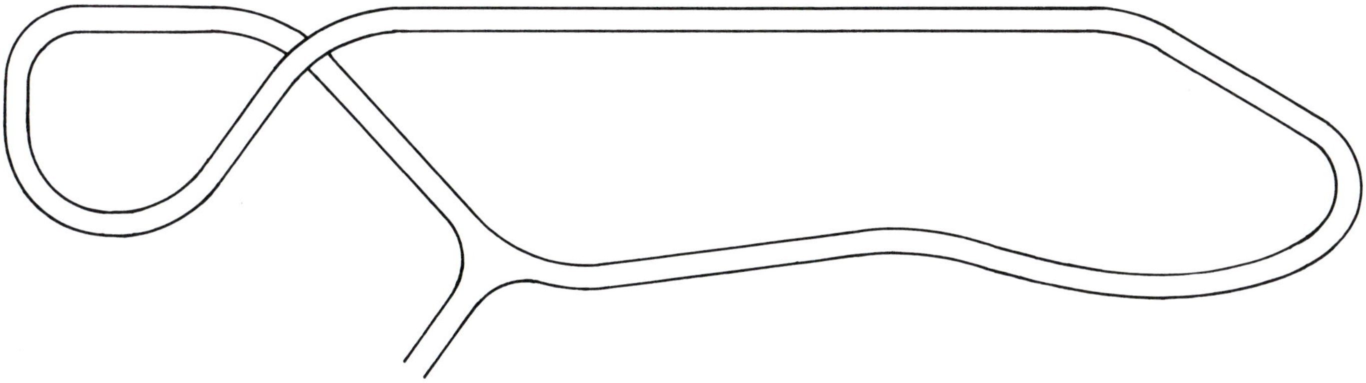

Skizze oben:
Streckenführungsplan der zweispurig ausgelegten Autostraße.

Abbildung rechts:
Die aus Faller-Bausatzteilen konstruierte Stahlgitterbrücke. Man beachte den in der zwischenmontierten Holzleiste verankerten Fahrleitungsmast mit Doppelausleger, eine sinnvolle Lösung der Fahrdrahtverspannung im Brückenbereich. Im Hintergrund sieht man die aus Sperrholz und Aluminium gestaltete Stahlseilbrücke.

Abbildung Seite 10:
Blick aus der Vogelperspektive von der Anlagenrückseite auf den Moselbogen mit den drei Brücken und den kleinen Industriehafen.

gung noch durch den ausdrücklichen Kundenwunsch, den Nachbau einer bei Bernkastel über die Mosel führenden Hängeseilbrücke mit ins Bild zu bringen. Nachdem ich das Original während eines Fluges entlang der Mosel entdeckte, weigerte ich mich jedoch standhaft, die doch recht eigenwillige Architektur in mein Modell zu übernehmen. Wie in der Abbildung zu sehen, fand ich schließlich mit einer modernen Schrägseil-Pylonbrücke eigener Architektur eine tragbare und vom Kunden akzeptierte Lösung.
Ein Problem ergab sich jedoch mit dem Leitdraht, der damals noch nach den Herstellerempfehlungen mittels doppelseitigem Klebeband an der aus Sperrholz hergestellten Trasse befestigt und überspachtelt werden sollte. Abweichend hiervon erprobte ich erstmals ein Verfahren, bei dem ich den Leitdraht in eine zuvor gefräste, etwa 0,5 mm tiefe Nut legte und die Flächen danach mit grauem Nitrospachtel glättete. Damit erzielte ich nicht nur eine erheblich sicherere Spurführung, sondern gleichzeitig auch einen merklich ruhigeren Fahrzeuglauf.
Seitdem wende ich nur noch diese Technik an. Allerdings standen damals noch keine Fahrzeuge mit eingebauten Relais zur Verfügung. Ein autonom gesteuerter Blockverkehr, der das Auffahren von Fahrzeugen im Dauereinsatz hätte verhindern können, war also noch nicht möglich. Daher ging es bei diesem Schaustück nicht ganz ohne manuellen Eingriff, wenn man mit mehreren Autos auf der gleichen Fahrbahn verkehren wollte.
Am vorgesehenen Standort im zweiten Stockwerk des Museums wurde eine schaufensterähnliche, staubsichere Zelle vorbereitet, deren Scheiben die unbehinderte Sicht über die gesamte Anlage hinweg und von drei Seiten aus erlaubte. Da die Rückwand durch Nischen und Balken mehrfach unterbrochen war, schuf man mit einem himmelblauen Vorhang einen hinreichend günstigen Hintergrund, der gut mit der natürlichen Farbgebung des Schaustückes korrespondierte und außerdem im Störungsfall den Zugang zum unterirdischen Ausweichbahnhof (Schattenbahnhof) von hinten ermöglichte.
Der Auftraggeber, Elektriker von Beruf, wählte ungeachtet des guten Staubschutzes am vorgesehenen Standort der guten Kontaktsicherheit wegen Märklin-K-Kunststoffgleise, die ich auf Korkbettungen verlegte und unter Verwendung von gewaschenem Quarzsand und Holzleim schwellenoberkantenbündig einschotterte. Die elektrische Installation erfolgte durch den Auftraggeber selbst. Im Hinblick auf die elektrische Steuerung beschritt er jedoch zunächst einen recht ungewöhnlichen Weg. Wohl in Gedanken an einen störungsfreien Fahrzeuglauf bei gleichzeitig geringstmöglichem Abnutzungsgrad der Antriebsmechanik, rüstete er die ursprünglich auf Wechselstromfahrbetrieb ausgelegten Triebfahrzeuge auf Gleichstrombetrieb um, indem er die herstellerseits eingebauten Fünfpolmotoren gegen Glockenankermotoren austauschte. Zwar erreichte er auf diese Weise zunächst die für Glockenankermotoren typischen ruhigen Laufeigenschaften. Doch im Vergleich mit den üblichen Fünfpolmotoren ließen die Leistungen schon nach wenigen Tagen kontinuierlich nach, so daß sich der Betreiber nach einigen Monaten wieder für die Rückrüstung der Anlage auf herkömmlichen Wechselstrombetrieb entschied. Inzwischen dürfte die Anlage, die seit fast zehn Jahren tagtäglich in Betrieb ist, digitalisiert sein.
Die elektrische Fahrleitung (Oberleitung) installierte ich funktionslos unter Verwendung der Sommerfeldt-Streckenmasten

Abbildung oben:
Blick auf den Industriehafen mit Kieswerk und Portalkran. Im Vordergrund liegt ein mit Sand beladener Frachtkahn von Wegas, der soeben entladen wird.

Abbildung Seite 12:
Die untertunnelte Felsnase im rechten Anlagenteil mit der aus Heki-dur-Modellbauplatten gestalteten Burgruine. Das Schiefergestein wurde aus Modellgips geformt.

nach Vorbildern der Epoche III. Zur Überspannung der Bücke fand ich in den Streckenmasten mit Doppelauslegern die ideale Lösung. Die Fahrdrahtverspannungen erfolgten jeweils an den Rückseiten der aus Sperrholz gefertigten Tunnelportale mit Spiralfedern. Spezielle Fangbügel drücken die Dachstromabnehmer der aus dem Berg fahrenden Elektrolokomotiven auf das Fahrdrahtniveau der Strecke herunter.
Was die Gestaltung anbetrifft, wählte ich wieder einen Moselbogen mit kleinem Industriehafen und Sandaufbereitungsanlage am linken Ufer. Am rechten Ufer befindet sich zwischen den beiden vorderen Brücken ein Fährboot-Anlegesteg.

Die das Tal überspannende Eisenbahnbrücke wurde aus mehreren Faller-Bausatzbrückenteilen hergestellt. Ausreichend hohe Stabilität erhielt die Konstruktion durch eine eingeleimte Leiste aus verzugsfestem Abachi-Holz, in der auch die Bohrungen zur sicheren Befestigung der bereits erwähnten Oberleitungsmasten angebracht werden konnten. Die vordere Straßenbrücke entstand nach einem Vorbild der zwanziger Jahre aus 3mm starkem Sperrholz. Auch bei der hinteren Straßenbrücke handelt es sich um eine Sperrholzkonstruktion, deren Fahrbahntrasse unterseitig durch zwei Aluminiumleisten verstärkt wurde. Im Gegensatz zu der im Auftrag der Fa.

Abbildung links:
Blick auf den linken Anlagenteil mit der auf der Anhöhe gelegenen Abtei.

Faller hergestellten Moselanlage, war ich bei der Gestaltung dieses Schaustückes nicht an die Verwendung von Bausatzmodellen eines Herstellers gebunden. Zwar wählte ich für die Wallfahrtskirche im oberen Teil des links ansteigenden Hanges das doppeltürmige Faller-Modell, doch für die Dorfidylle des rechten Ufers schienen mir die Fachwerkhäuser aus dem Kibri-Sortiment geeigneter. Den Gebirgsstock rechts modellierte ich unter Verwendung von Modellgips im typischen Charakter des im Moseltal vorherrschenden Schiefergesteins. Lediglich die Burgruine auf dem Gipfel der nach hinten flach abdachenden Weinrebenkulturen entstand aus lasierten Heki-dur-Modellbauplatten auf einer Unterkonstruktion aus Sperrholzresten, wie sie vom Trassenbau übrigblieben.
Zur Imitation der Gewässeroberfläche verwendete ich das damals noch durch die Firma Uhu vertriebene reaktionshärtende Gießharz auf Epoxid-Basis. Die sehr naturgetreu nachgebildeten Binnenschiffe (Wegas) aus Karton und Balsaholz wurden mit eingegossen. Nach der Aushärtung des Gießharzes war die Wasseroberfläche zunächst spiegelglatt, da es nicht gelang, die Wellenstruktur während der Erhärtung einzuformen. Sie entstand 24 Stunden später durch Aufmodellieren mit Uhu-plus-endfest. Um einen einheitlichen Glanz zu erzielen, war es erforderlich, nach völliger Aushärtung der aufmodellierten Wellenstrukur die gesamte Wasseroberfläche nochmals mit farblosem Hochglanzlack (Parkettlack auf Polyurethanbasis) zu lackieren.
Wie aus dem Plan zu erkennen ist, habe ich die insgesamt 7,50 m lange und 1,60 m tiefe Anlage in drei Segmente zerlegbar konzipiert. Die Grundflächenmaße der Segmente mit je 2,50 × 1,60 m waren mit dem Kunden abgestimmt, und er garantierte mir, daß diese ohne Schwierigkeiten durch das doch recht enge Stiegenhaus hindurch zum vorgesehenen Standort verbracht werden könnten. Doch als die Anlage einige Wochen später angeliefert wurde, erwies sich diese Annahme als ein fataler Irrtum. Erst nachdem eine Fensteröffnung an der Fassade des historischen Fachwerkhauses erweitert worden war, gelang es der Berufsfeuerwehr mit Hilfe eines Autokrans, die Teile von der Straße aus ins zweite Stockwerk zu hieven.

Von den mehr als dreihundert Anlagen und Dioramen, die während der vergangenen zwei Jahrzehnte in meinem Atelier hergestellt wurden, ist die hier vorgestellte Moselanlage im Trierer Spielzeugmuseum die einzige, die in ihrer unveränderten Ursprünglichkeit noch öffentlich zur Schau gestellt wird.

Für den Spielfilm „Liebe, Tod und Eisenbahn“:

Der Landwasser-Viadukt als H0-Modell

Abbildung oben:
Der im Spielfilm „Liebe, Tod und Eisenbahn“ gezeigte Anlagenausschnitt mit Kalkfelsen und der Martinskapelle im Vordergrund. Während der Filmaufnahmen vom Vorbild wurde die gleiche wie hier im Bild gezeigte Zuggarnitur eingesetzt. Als Hintergrund für die Filmaufnahmen diente ein mit blauer Farbe gespritzter Zeichenkarton.

Im Frühjahr 1989 erhielt ich den Auftrag von einer Frankfurter Produktionsgesellschaft, verschiedene Modelleisenbahnanlagen herzustellen, die als Staffagen für den Spielfilm „Liebe, Tod und Eisenbahn“ benötigt wurden. Drehbuchautor war Gerd Steinheimer, der gleichzeitig auch Regie führte. Die Hauptrolle erhielt der damals schon bekannte Schauspieler Heiner Lauterbach.
Der später unter Modellbahnern sehr umstrittene Streifen hatte das Beziehungsdrama eines jungvermählten Paares zum Thema, dessen Ehe schon bald nach den Flitterwochen tragisch endete. Die bildhübsche und temperamentvolle Ehefrau wurde zum Mörder ihres eigenen Mannes, einem fanatischen Modellbahnfan, nachdem dessen – sich noch im Bau befindliche – Anlage zwei Räume der Dreizimmerwohnung eingenommen hatte. Vorausgegangen waren heftige Auseinandersetzungen zwischen den beiden, wobei allerdings nicht über die sich ständig weiter ausdehnenden Maße der raumübergreifenden Großanlage gestritten wurde, sondern über die Konzeptionslosigkeit, mit der ihr Ehegatte den Aufbau vorantrieb, und die letztlich in einem Chaos von Schienen, Weichen und Kabelbäumen zu enden drohte. Als er wieder einmal unterwegs war, um einige Pakete Schienen einzukaufen, stellte sie ihm die tödliche Falle, indem sie das Stellpult der Anlage über Kabel mit dem Hausstromnetz verband. Dann schreckte sie doch vor der Tat zurück und zog den Netzstecker. Als sie kurz darauf zum Einkaufen das Haus verließ, dachte sie nicht mehr an die Sache. Nach ihrer Rückkehr entdeckte sie ihren Ehemann, vom Stromschlag tödlich getroffen, über dem Stellpult liegend; er hatte, um die Anlage in Betrieb zu nehmen, versehentlich den falschen Stecker in die Steckdose gesteckt.
In panischer Angst verpackte die nun zur Witwe gewordene Ehefrau die Leiche in eine Plastikfolie, um sie irgendwo in der Wildnis zu vergraben. Da inzwischen je-

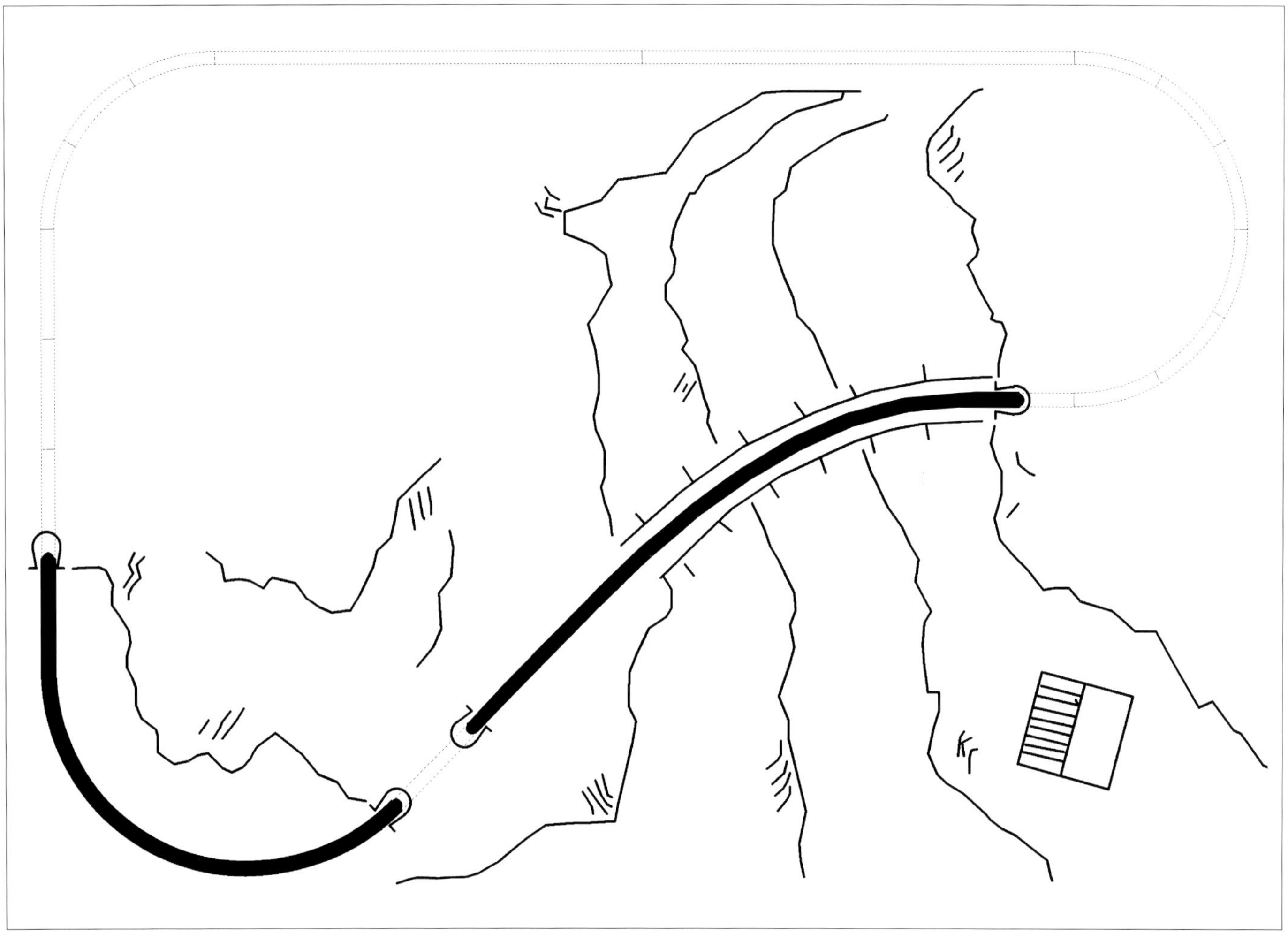

doch die Leichenstarre eingetreten war, war es ohne fremde Hilfe nicht möglich, den Toten unbemerkt das Treppenhaus hinunter zu bringen. Es gelang ihr lediglich, die luftdicht verpackte Mumie auf die bereits verlegten Gleise des Hauptbahnhofs der Modellanlage zu betten. Dann formte sie aus Aluminiumgewebe einen Berg darüber und modellierte darauf mit Alabastergips die naturgetreue Nachbildung des legendären Landwasser-Viadukts.

Die Geschichte endete schließlich, kurz nachdem die junge Witwe etwas später eine Vermißtenanzeige aufgegeben hatte. Als sie eines Abends von der Kripo Besuch erhielt, bat einer der Beamten darum, einmal mit der so schön gestalteten Modellbahn spielen zu dürfen. Doch schon bei der ersten Rundfahrt entgleiste der Zug im Tunnel. Als dann der Beamte die Lok aus der engen Röhre herausholen wollte, erwischte er stattdessen die folienverpackte Hand der Leiche.

Nachdem ich das Drehbuch gelesen hatte, blieb es weitgehend mir überlassen, die einzelnen Staffagen zu gestalten. Die Objekte mußten allerdings den textlichen Schilderungen genau entsprechen, die vorgegebenen Funktionen in allen Details erfüllen und maßlich in die vom Filmarchitekten entworfenen Räume hineinpassen. Und sie mußten pünktlich zu dem im Juli festgelegten Drehbeginn im Studio 4 des ZDF in München-Unterföhring und in der dort vorbereiteten Wohnung zur Verfügung stehen. Außer den in der kurzgefaßten Geschichte erwähnten Szenen waren noch einige Nebenszenen an Drehorten außerhalb der Wohnung vorgesehen, die zwei weitere Anlagenstaffagen erforderten, darunter auch eine größere Spielanlage, die mit

Skizze oben:
Gleisplan zu der hier vorgestellten H0m-Anlage, die auf einer Grundfläche von 270 × 190 cm entstand. Da die Bahn nur in einer Richtung kommend gefilmt wurde, konnte man auf einen Schattenbahnhof im Untergrund verzichten. Die untertunnelte Felsnase im vorderen Teil entsprach dem Vorbild. Um die Schlucht einigermaßen realistisch darstellen zu können, war die für eine H0m-Anlage ungewöhnliche Tiefe von 190 cm erforderlich.

Abbildung Seite 17:
Der Viadukt aus der Vogelperspektive, fotografiert im Atelier Stein vor der Auslieferung. Für die Filmaufnahmen wurde das gesamte Rückteil mit Nadelwald bedeckt.

Hilfe einer komplizierten Mechanik unter die Zimmerdecke hochgezogen werden konnte. Insgesamt waren es also fünf Anlagen.

Ich war damals mit Aufträgen gut ausgelastet und hätte, da ich mich nur ungern unter Termindruck setzen lasse, am liebsten abgelehnt. Doch die Aufgabe reizte mich zu sehr. Allerdings wäre ich alleine nicht in der Lage gewesen, alle benötigten Staffagen unter den räumlich beengten Verhältnissen in meinem kleinen Atelier herzustellen. Hilfe erhielt ich vom Münchener Modellbahnklub, der mir zwei fachkundige Rentner zur Verfügung stellte, die die raumübergreifende Großanlage sowie die unter der Zimmerdecke versenkbare Anlage nach meinen Plänen, aber ansonsten völlig selbständig und sehr geschickt in den Ateliers des ZDF vor Ort herstellten. Ich beschränkte mich lediglich auf die Gestaltung des hier im Bild gezeigten Modells mit dem Landwasser-Viadukt. Genauer gesagt mußte ich dieses Modell zweimal herstellen, nämlich einmal fix und fertig gestaltet und die zweite Version im Rohbau, entsprechend vorbereitet zum Abdrehen der Szenen beim Eingipsen der Leiche.

Da im Drehbuch auch Außenaufnahmen mit der träumenden Ehefrau vor dem Original des Landwasser-Viaduktes in der Schweiz mit späteren Überblendungen auf das von mir gestaltete Modell vorgesehen waren, konnte ich bei der Nachbildung meiner Phantasie nicht allzu

Abbildung oben:
Die im Rohbau befindliche zweite Anlage, wie sie für die Filmszene beim Überformen der Leiche mit Aluminiumgewebe und Modellgips benötigt wurde. Auf der Tafel im Hintergrund wurde die genaue Lage der Leiche innerhalb der Konstruktion vom Filmarchitekten skizziert.

Abbildung Seite 19:
Das Brückenmodell während der Ausbauphase. Die trapezförmigen Gewölbeelemente sind hier deutlich zu erkennen.

freien Lauf lassen. Während der späteren Dreharbeiten liefen sogar die gleichen Zuggarnituren auf dem Modell, wie die vor Ort in der Natur gefilmten. Die abweichend vom Vorbild vorhandene rückwärtige Felswand, die sowohl zum Überdecken der Leiche als auch für die Ringstreckenverbindung unverzichtbar war, konnte ich mit Dekorvlies (Heki-flor) und Modellbäumen hinlänglich tarnen. Am schwierigsten war der Nachbau der gemauerten und im Bogen geführten Sandsteinbrücke, die, dem Vorbild entsprechend, aus sechs trapezförmigen und sich nach unten hin konisch erweiternden Gewölbesegmenten bestand. Zum Glück brachten mir die Filmleute ausgezeichnete Großfotos vom Vorbild aus der Schweiz mit, mit deren Hilfe es mir gelang, die Pläne für den Zuschnitt der Teile für die tragende Sperrholzkonstruktion herzustellen. Anhand der in einigen Fotos mit aufgenommenen Züge, deren Fahrzeuglängen mir bekannt waren, konnte ich auch die Maße des Viadukts so hinreichend schätzen, daß die Abweichungen beim späteren Überblenden während der Dreharbeiten kaum wahrnehmbar waren.

Nach dem Verkleben der aus Sperrholz zugeschnittenen Konstruktionsteile und dem Einkleben der aus Karton gefertigten Gewölbebögen, verblendete ich sämtliche Flächen mit Heki-dur-Modellbauplatten unter Verwendung von Uhu-Por-Kleber, der mit der Zahnspachtel aufgetragen wurde und auf diese Weise ausreichend lange offen blieb. Die auskragenden Laufbühnen, an denen auch die Brückengeländer befestigt waren, fertigte ich mit Streichhölzern und Streifen aus Balsaholz. Zur Befestigung der Fahrleitungsmasten nach RhB-Vorbild leimte ich Konsolen aus Abachi-Holz vor. Die Gewinde der Mastfundamente verschraubte ich jedoch nicht, sondern klebte sie mit Zweikomponentenkleber in die vorbereiteten Bohrungen.
Auch die Tunnelröhren fertigte ich aus Sperrholz, dessen Sichtflächen ich mit Heki-dur-Modellbauplatten verkleidete. Leider konnte ich die Originalmaße der Öffnung nicht einhalten. Da, den Vorgaben des Drehbuches entsprechend, die Leichenhand hindurchpassen mußte, fiel die Tunnelröhre etwas größer aus.
Das Gebirge entstand in der schon seit vielen Jahren praktizierten und in einigen meiner Schriften ausführlich beschriebenen Spantenbauweise, mit Aluminiumgewebe überformt und unter Verwendung von Alabastergips modelliert. Allerdings war für mich das hier vorliegende Kalkgestein eine neue Herausforderung, die mir erst nach einigen Vorversuchen durch Ziehen mit Japanspachteln verschiedener Breiten und mühevoller Nachbearbeitung mit Sgraffito-Schlingen gelang.
Besonders schwierig war jedoch die Lasurarbeit auf der zuvor mit Dispersionsfarbe in heller Tönung gestrichenen Oberflächenstruktur. In der Natur ergeben sich die extremen Farbunterschiede im Bild dieser Felsenstrukturen, die von dunklen Graphittönungen über Ocker bis hin zum reinen Weiß reichen, durch Zersetzungsprozesse in Verbindung mit der Kohlensäure der Luft. Mit zunehmender Verrottung werden die Kalkoberflächen immer dunkler, bis sich die zersetzten hydrophoben Schichten unter Frosteinwirkung ablösen und an jenen Stellen der helle Kalk in seiner Ursprungsfarbe wieder zutage tritt. Die Imitation dieser eigenwilligen Farbgebung gelang mir durch Aufwischen der dunklen Flächen mit entsprechend getönter Dispersionsfarbe, die mit Malzbier auf lasierende Konsistenz verdünnt wurde. Ich benutzte hierzu ein kleines Naturschwämmchen. Die Farbfotos vom Vorbild leisteten mir hierbei als Vorlagen gute Dienste.
Für den Streckenbau wählte ich Modell-

Abbildung links:
Der mit Bierlasur farbig gestaltete Kalkfelsen in der Gesamtansicht. Die „Martinskapelle" im Vordergrund (Kibri-H0-Modell) entspricht nicht dem Vorbild. Sie wurde lediglich zum Zweck des perspektivischen Größenvergleichs mitfotografiert und unmittelbar vor den Filmaufnahmen gegen ein Modell von dem vor Ort tatsächlich vorhandenen Bauernhaus ausgetauscht.

gleise der Firma Bemo in der Nenngröße H0m (Spurweite 12 mm), die ich auf Korkbettungen von Heki verklebte und im sichtbaren Bereich mit gemahlenem Naturstein in wechselnden Farben schwellenoberkantenbündig unter Verwendung von Holzleim einschotterte. Die dünnen Fahrdrähte der Oberleitung wurden hinter den Tunnelportalen verspannt. Auf diese Weise konnte man auf Spannwerke im sichtbaren Anlagenbereich verzichten. Die Elektrolokomotive des Alpen-Express fuhr mit im Untergrund ausgefahrenem Dachstromabnehmer, der durch spezielle Fangbügel vor der Ausfahrt aus den Tunnelröhren auf das Fahrdrahtniveau abgesenkt wurde.
Allerdings waren im Drehbuch nur wenige Sekunden Fahrbetrieb mit der „Rhätischen Bahn" vorgesehen. Dessen ungeachtet wurde ein störungsfreier, auf Dauerbetrieb ausgelegter Fahrbetrieb und damit eine präzise Gleisverlegung sowie eine sichere elektrische Kontaktgabe gefordert. Dies galt im übrigen auch für die anderen Objekte, die von den beiden Rentnern hergestellt wurden. Für alle Fälle war während der Dreharbeiten meine Anwesenheit erwünscht. Zwar wurden im Film insgesamt nur wenige Minuten Modellbahnverkehr gezeigt, doch die Bahnen liefen über Stunden hinweg, bis die für den Filmschnitt erforderlichen Szenen beisammen waren. Abgesehen von einem kleinen Schaden, den eine platzende Scheinwerferbirne verursachte, und der mit den ständig zur Verfügung stehenden Materialien rasch ausgebessert werden konnte, gab es keine Pannen. Das Fazit: Wer je einmal für Film oder Fernsehen arbeiten sollte, der darf nie von der irrigen Annahme ausgehen, daß die Bahnen ja doch nur ein paar Sekunden im Film gezeigt werden, und es beim Unterbau, der dem Kamera-Auge verborgen bleibt, nicht unbedingt und in allen Details auf höchste Genauigkeit ankommt. Eher das Gegenteil ist der Fall, denn nur ein solider Aufbau, der von Grund auf nach den anerkannten handwerklichen Regeln entstanden ist, bietet hinreichende Gewähr dafür, daß das, was im sichtbaren Bereich gezeigt wird, unter den extremen Wärmebelastungen, die in den Studios über viele Tage und oft sogar Wochen vorherrschen, während der sich hinziehenden Dreharbeiten in Farben und Formen beständig bleibt.

Was aus den Anlagen geworden ist, erfuhr ich nie. Als ich später einmal Fotos von dem von mir gestalteten Landwasser-Viadukt machen wollte, war das Schaustück unauffindbar.

Freizeitgestaltung im Hobbyraum:
Interessante H0-Großanlage in U-Form

Im Winter 89/90 erhielt ich von einem Privatmann den Auftrag zur Herstellung einer raumfüllenden Großanlage in der Nenngröße H0 unter Verwendung von Märklin-K-Kunststoffgleisen. Der Auftraggeber hatte bereits eine beachtenswerte Fahrzeugsammlung, und die Anlage sollte unter Nutzung der vorhandenen Räumlichkeit möglichst viel Fahrbetrieb mit realistisch langen Zügen bieten. Gefordert war ferner digitaler Fahrbetrieb mit klassischen Fahrstraßensteuerungen in den Bahnhöfen über zwei Gleisbildstellwerke.
Nach mehreren Vorentwürfen einigte ich mich mit dem Kunden auf die U-Form mit den Außenmaßen von 7,85 × 5,30 m, wobei ich für den dominierenden Hauptteil – der Zugänglichkeit von beiden Längsseiten wegen – eine trapezförmige Grundfläche wählte. Da die für den Standort der Anlage vorgesehene Räumlichkeit in einer ehemaligen Industriehalle lag, waren die Türöffnungen ausreichend groß, so daß ich im Hinblick auf die Rahmenteilung recht unbehindert verfahren konnte. Von großem Vorteil für die Gesamtoptik waren zwei fensterlose, über Eck miteinander verbundene Stellwände, die, nachdem sie blau gestrichen waren und im Spritzverfahren ein dezentes Wolkenmuster erhalten hatten, einen idealen Anlagenhintergrund ergaben.

Der Anlagenbau erfolgte dann streng nach dem hier abgebildeten Plan. Den Mittelpunkt der Anlage nahm der Hauptbahnhof in der oberen Ebene der linken Schenkelseite ein, mit fünf Hauptgleisen und zwei Nebengleisen. Die Hauptgleise mit Nutzlängen bis zu drei Metern ermöglichten den Aufenthalt von Reisezügen mit bis zu sieben Schnellzugwagen. Da auch der in der unteren Ebene verdeckt gelegene, achtgleisige Speicherbahnhof (Schattenbahnhof) über gleiche Gleislängen verfügte, waren die Voraussetzungen für einen automatischen Zugwechsel in Verbindung mit solchen Reisezügen mittlerer Länge gegeben.

Abbildung oben:
Der Ausschnitt aus der hier beschriebenen Großanlage zeigt ein Gebirgsdetail, gestaltet in rötlichem Kalkschiefer. Bei dem dargestellten Tunnel handelt es sich um die Nachbildung einer frei aus dem Berg gesprengten Röhre ohne Vormauerung.

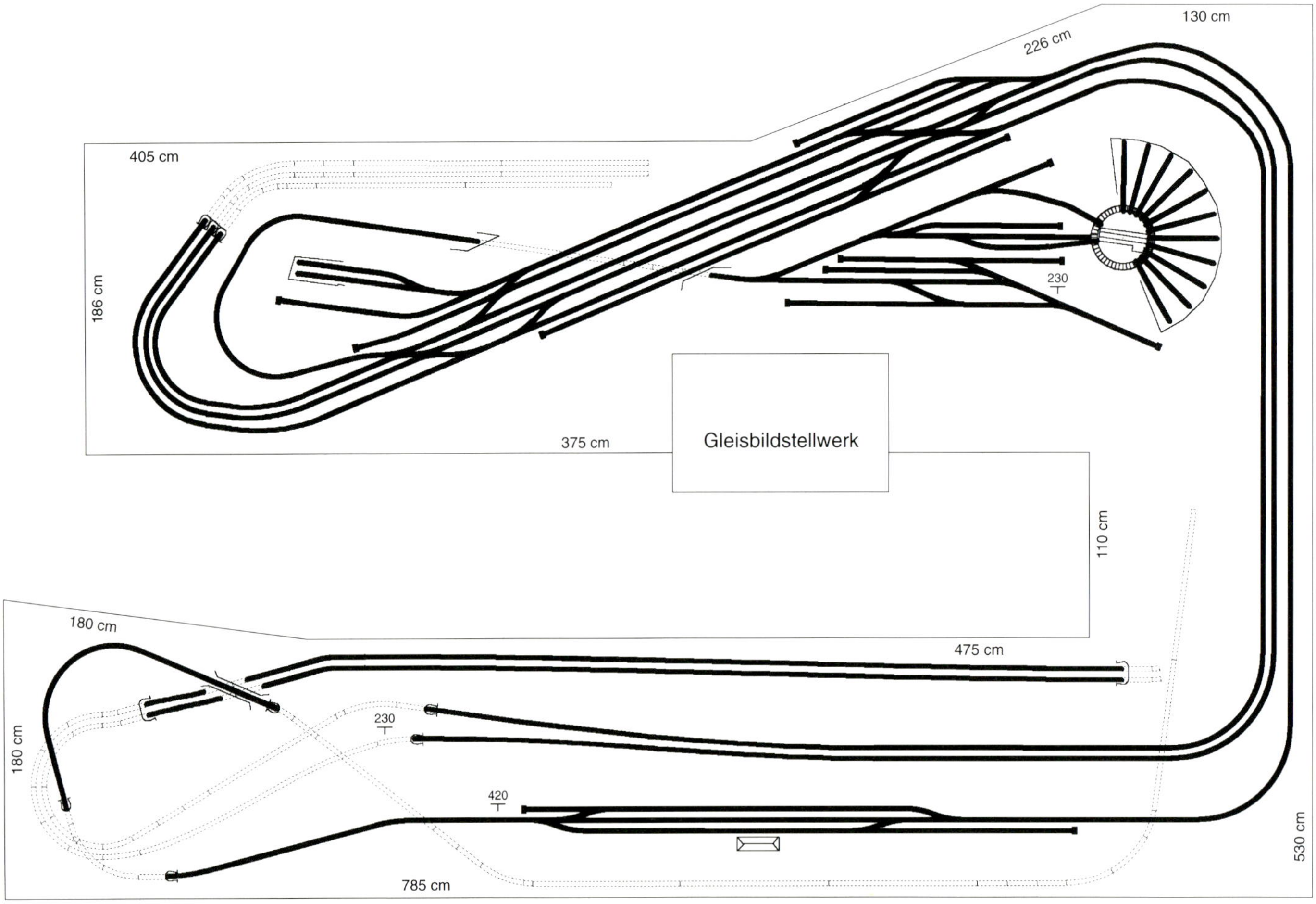

In diesem Zusammenhang sei bemerkt, daß Reisezüge mit 12 Schnellzugwagen zwar eher dem Vorbild entsprechen würden. Solche realistisch langen Züge ergäben jedoch auf dieser Anlage mit einer Schenkellänge von nur knapp acht Metern ein sehr unnatürliches Bild. Dieses Beispiel zeigt, daß ein ausgewogenes Verhältnis zwischen der gestalteten Landschaft und dem Fahrzeugeinsatz ein wichtiger Faktor bei der Beurteilung einer Anlage sein kann.

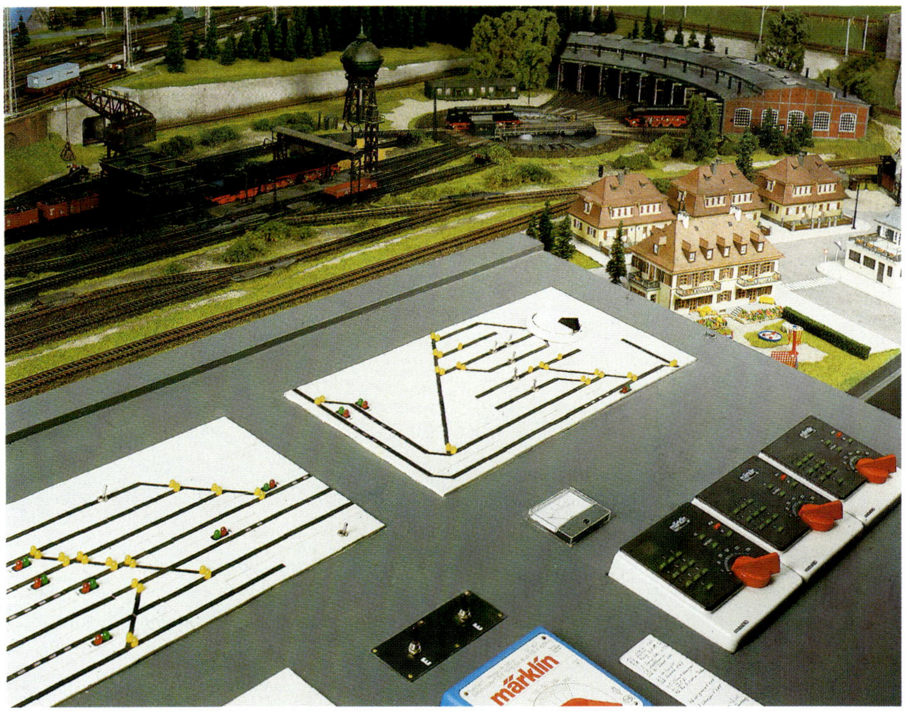

Die Trasse der zweigleisigen Magistrale bildete eine in sich geschlossene Ringstrecke, die im Hauptbahnhof begann und auch dort wieder endete, nachdem sie über alle drei Ebenen und in mehreren Windungen und Kehren die gesamte Anlage in weit geschwungenen, eleganten Bögen durchmaß. Bei der Planung achtete ich besonders darauf, daß ich die durch die Anlagentiefe zwangsläufig bedingten engen Radien der Wendeschleifen in den Untergrund verdeckt

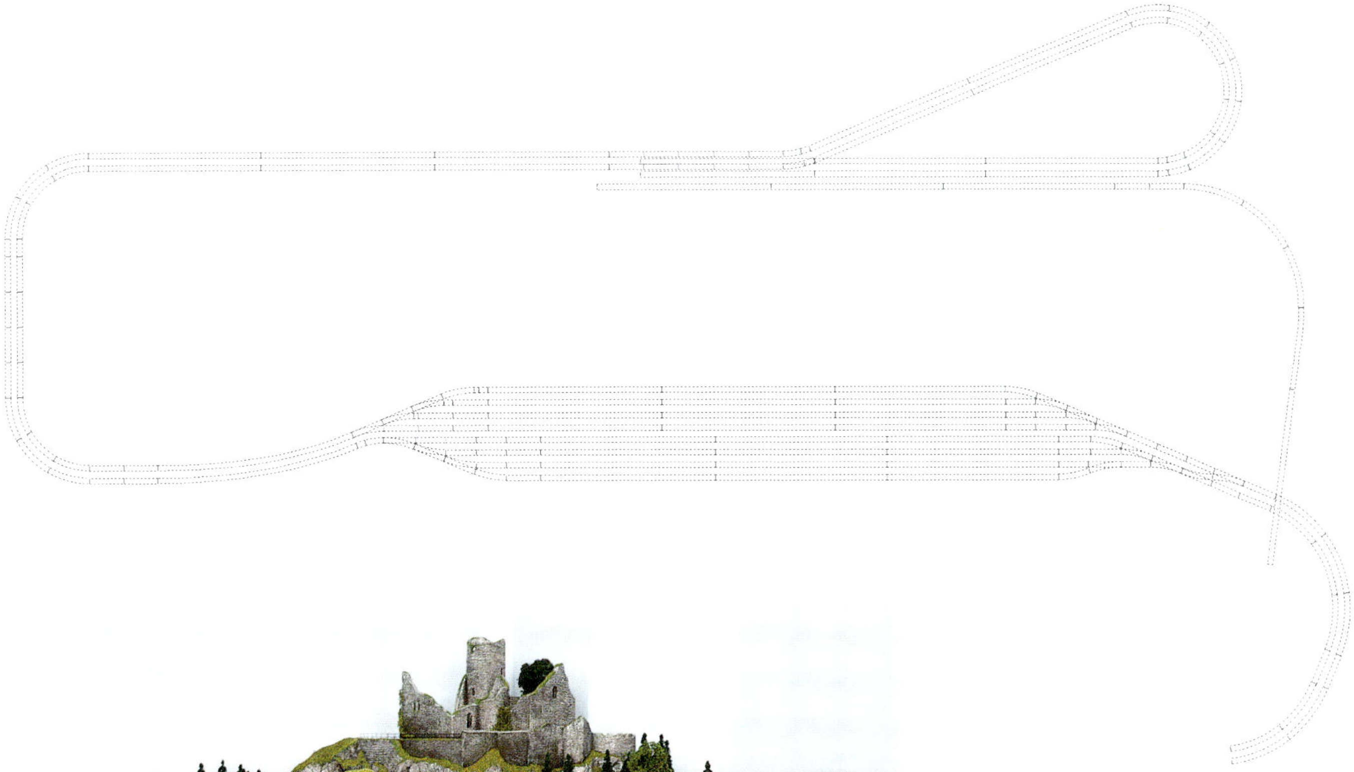

Skizze oben:
Gleisplan zu den Strecken in der unteren Ebene mit achtgleisigem Speicherbahnhof.

Skizze Seite 22 oben:
Gleisplan zu den oberen Ebenen der hier beschriebenen Großanlage mit einer äußeren Grundfläche von 785 × 530 cm.

Abbildung Seite 22 unten:
Das über dem unterirdischen Speicherbahnhof (Schattenbahnhof) aufgesetzte Stellpult. Die Aufnahme zeigt zwei integrierte Gleisbildstellwerke zur getrennten Steuerung des im Sichtbereich gelegenen Hauptbahnhofs und des darunter liegenden Speicherbahnhofs.

Abbildung links:
Anlagenausschnitt von der rechten hinteren Ecke, mit kleinem Gleisbildstellwerk zur getrennten Steuerung des auf der Anhöhe gelegenen Bergbahnhofs.

verlegen konnte und innerhalb der sichtbaren Anlagenbereiche die weiten Gleisbögen dominierten, für die ich ausschließlich die flexiblen Metergleise des Systems verwendete.

Auf den Strecken zwischen dem Hauptbahnhof und dem Schattenbahnhof in der unteren Ebene war automatisch gesteuerter Blockbetrieb vorgesehen. Als Steuerungseinheiten wurden versuchsweise die neuentwickelten Heki-Universalmodule 9155 eingesetzt, an deren Entwicklung ich mit beteiligt war und die sich im späteren Dauerbetrieb auch in Verbindung mit der digitalen Zugsteuerung hervorragend bewährten. Das Besondere an diesen Steuermodulen war eine Trickschaltung, die den ungestört sicheren Blockbetrieb mit Wendezügen mit den Triebfahrzeugen am Zugschluß, bei Doppeltraktion und mit innenbeleuchteten Reisezügen gewährleistete. Außerdem konnte innerhalb der sichtba-

Abbildung oben:
Anlagenausschnitt von der dreigleisigen Bogenstrecke im linken Teil des kurzen Schenkels.

Abbildung Seite 25:
Anlagenausschnitt vom rechten Teil des großen Schenkels mit der zweigleisigen Hauptstrecke, die nach der Kehre im Berg in die zweite Ebene hinaufzieht.

ren Anlagenbereiche die integrierte Anfahr- und Bremsautomatik genutzt werden.
Für den Hauptbahnhof und den darunterliegenden Schattenbahnhof hatte ich hingegen halbautomatischen Fahrstraßenbetrieb über das in der Abbildung gezeigte Gleisbildstellwerk System Heki vorgesehen. Das heißt, daß die Fahrwege von Hand über Start- und Zieltaster einzustellen waren, während das Stellen der Weichen und Signale vollautomatisch erfolgte. Die hierbei eingesetzten Steuermodule besorgten außerdem auch den entsprechenden Flanken- und Auffahrtschutz vollkommen selbsttätig. Der Stelltisch war auf einem fahrbaren Gestell aus Vierkant-Rohren so konstruiert, daß er, wie im Plan eingezeichnet, über die vordere Anlagenkante geschoben werden konnte und dabei den Schattenbahnhof vollkommen abdeckte. Durch einfaches Zurückziehen des Stelltisches wurde ein Eingriff in die Gleise des Schattenbahnhofes von oben jederzeit leicht möglich. Allerdings waren auch an der Anlagenstirnseite zwei kleine Klappen angebracht, die einen Einblick in den Schattenbahnhof auch von der Seite her gestatteten.
In der mittleren Ebene plante ich ein kleines Bahnbetriebswerk für Dampflokomotiven mit Drehscheibe und Ringlokschuppen, dessen Gleisanlage auf die klassische Behandlungsreihenfolge ausgerichtet war, mit allen erforderlichen Abstell- und Nebengleisen. In einer Durchfahrt über jedes der beiden sich zur Drehscheibe hinziehenden Versorgungsgleise konnten die einfahrenden Lokomotiven die Bekohlungsanlage, die Entschlackungsanlage mit den Wasserkränen und die Hochdruckbesandungsanlage auf direktem Weg erreichen. Die Zufahrt zum Bahnbetriebswerk vom Hauptbahnhof her erfolgte über eine eingleisige Strecke, die unter der Bahnhofsebene hindurchführte.
Vom Hauptbahnhof ausgehend, führte eine zweite, eingleisige Ringstrecke ins Gebirge. Auf dem Scheitelpunkt erreichte sie im gegenüberliegenden Anlagenteil und auf einem Niveau von 420 mm einen dreigleisigen Durchgangsbahnhof des gemischten Dienstes. Die Rangierfahrten in diesem kleinen Landbahnhof konnten über ein kleines eigenes Stellpult gesteuert werden, das am Anlagenrahmen unterhalb befestigt war.

Auf diese Weise ergab sich die interessante Möglichkeit, eine zweite Person an der Steuerung des Anlagenbetriebs zu beteiligen.
Abweichend von dem hier gezeigten Gleisplan wurde die Gleisanlage in der mittleren Ebene unterhalb des Hauptbahnhofs und links vom großen Stelltisch um einen Industriegleisanschluß mit Schwellensägewerk (Kibri) erweitert. Auf diese Weise konnte auch das zuvor ungenutzte Areal über dem Schattenbahnhof in das Verkehrsgeschehen einbezogen werden.
Nur die zweigleisige Hauptstrecke und der erweiterte Rangierbereich des Hauptbahnhofs wurden mit elektrischer Fahrleitung System Sommerfeldt unter Verwendung von Streckenmasten und Tragwerken nach dem Vorbild der alten Deutschen Reichsbahn überspannt. Diese sogenannte „Oberleitung“ blieb jedoch funktionslos und wurde nur innerhalb der sichtbaren Anlagenbereiche in-

stalliert. Durch die hohe Anzahl an Tunnelportalen, an deren Rückseiten die Fahrdrähte mit Hilfe von Spiralfedern verspannt wurden, konnte man an den Strecken auf zusätzliche Spannwerke verzichten.
Das Grundgerüst zu dieser Großanlage entstand in der bewährten Spantenbauweise. Das Gerippe bestand aus 51 Hauptspanten und 28 Hilfsspanten. Der Rahmen war in 11 Segmente unterteilt. Das Gebirge wurde mit Modellgips auf Aluminiumgewebe aufmodelliert und in Kalksteinmanier mit Dispersionsfarben lasiert. Die Tunnelportale fertigte ich aus Sperrholz und Heki-dur-Modellbauplatten.

In jener Zeit, als die Anlage gebaut wurde, gab es viel Ärger mit den ansteckbaren Weichenantrieben. Offenbar durch Umweltauflagen bedingte Materialumstellungen bei den Kontaktfedern eines Zulieferers, kam es zu reihenweisen Ausfällen schon während der Probefahrten. Da meine Vorräte zur Neige gegangen waren und ich, offensichtlich aus den genannten Gründen, über Monate hinweg selbst im Werk kein Ersatz bekommen konnte, verzögerte sich die Ablieferung der Anlage bis weit in das Frühjahr hinein. Die konstruktiv veränderten, neuen Weichenantriebe, die ich als Ersatz erhielt, arbeiteten danach einwandfrei.

Abbildung links:
Ausschnitt vom dem in der dritten Ebene gelegenen sechsgleisigen Hauptbahnhof mit Ladegleisen in der zweiten Ebene an einem Sägewerk im Vordergrund.

Vier Jahreszeiten als Gestaltungsmotive:
Dioramen als Studienobjekte im Dienste der Produktentwicklung

Es ergab sich von selbst, daß mich Firmen der Modellbahnzubehörbranche zunehmend um Rat fragten, wenn es darum ging, ihre Produkte marktgerechter zu gestalten. Wenn ich in diesem Zusammenhang die Firma Heki namentlich nenne, dann deshalb, weil dieses Unternehmen seit Anfang der achtziger Jahre nahezu alle meine Verbesserungsvorschläge realisierte und meine praktischen Erfahrungen bei der Neuentwicklung ihrer Produkte nutzte. Seit meiner Bekanntschaft mit dem Inhaber, Jürgen Kittler, wurde jeder einzelne Artikel in meinem Atelier getestet und begutachtet, bevor er in das Sortiment aufgenommen wurde.

Profitiert hat dieses Unternehmen vor allem von dem Umstand, daß ich, im Rahmen meiner Mitarbeit als ehemaliger Maler und Lehrer an einer Malerfachschule, mein spezielles Fachwissen auf dem Gebiet der Farbenlehre mit einbringen konnte. Und in diesem Zusammenhang war es mir von Anfang an ein ganz besonderes Anliegen, auf die Farbpalette der angebotenen Geländegestaltungsartikel wie beispielsweise bei Modellbäumen, Grasfasern und Beflockungsmaterialien, Einfluß zu nehmen. Dies lag nicht zuletzt auch in meinem persönlichen Interesse, denn das ständige Nachfärben der grellbunten Modellbäume, so wie sie früher im Handel ausschließlich erhältlich waren, erforderte immer viele Umstände und einen hohen Zeitaufwand. So gelang es dem Unternehmen, unter meiner Mitwirkung und durch Verwendung spezieller Pigmente und Färbeverfahren, mit der Zeit alle Gestaltungsartikel auf eine Farbskala umzustellen, die der natürlichen Farbgebung ihrer Vorbilder entsprach. Sinn dieser Strategie war es, dem Modellbauer, der ja nur in den seltensten Fällen gleichzeitig auch Farbenfachmann ist, Gestaltungsmaterialien an die Hand zu geben, sei es in Form von Modellbäumen oder Beflockungsmaterialien, die ihm bei ausschließlicher Verwendung die Gewähr dafür bieten, daß die Farbgebung seiner Anlage nicht aus dem Gleichgewicht gerät.
Unverzichtbar auf dem Weg zu einer solchen natürlichen Farbenpalette, in Anlehnung an die in unseren Klimazonen vorherrschenden Farbenverhältnisse, waren die ständigen Praxistests an den in mei-

Abbildung oben:
Romantische Landschaft mit Burgruine in der Nenngröße H0, gestaltet mit Heki-flor in typischer Frühjahrsfarbgebung.

Abbildung oben:
Überformen von Heki-flor auf Baumrohlinge aus Plastik.

nem Atelier gestalteten Modelleisenbahnanlagen und Dioramen. Nur zu oft mußte ich feststellen, daß bestimmte, im Werk neu zusammengestellte Färbungen, die wir zunächst für gelungen hielten, später im Flächenversuch auf der Anlage vollkommen danebenlagen. Erst als die auf meinen Anlagen und unter Tageslichtbedingungen oft mehrfach korrigierten Färbungen im Vergleich mit Luftbildaufnahmen von entsprechenden Landschaften identische Flächenwirkungen zeigten, wurden sie für die Produktion freigegeben.
Gegen Ende der achtziger Jahre schlug ich vor, ein Sortiment an Belaubungsflocken zu entwickeln, die es dem Anwender gestatten, Vegetationen auf seiner Anlage streng nach ihren jahreszeitlich gefärbten Vorbildern zu gestalten. Mit den damals zur Verfügung stehenden synthetischen Heki-Grasfaserfarben war dies bereits möglich. Um jedoch Bäume und Buschwerk entsprechend zu gestalten, war der Anwender aber immer noch zu Nachfärbungen gezwungen, die in Ermangelung ausreichender Erfahrungen nicht immer auf Anhieb gelangen und oft zu Mißerfolgen führten. Als Ergebnis monatelanger Versuche fanden wir schließlich eine Skala von neun Farben, die, wie oben abgebildet, von der hellen Kirschblüte über verschiedene Grünvarianten bis hin zum spätherbstlichen Rostrot des kanadischen Indian Summer reicht und damit dem Anwender die Möglichkeit bietet, jede Vegetation im jahreszeitlich abhängig richtigen Farbenkleid zu gestalten, zumal die Farben untereinander in jedem beliebigen Verhältnis gemischt werden konnten. Auch das damals noch neu im Sortiment befindliche Belaubungsvlies „Heki-flor“ gab es bald in allen neun Färbungen. Damit konnte man auch größere Bäume und Buschwerk in jeder beliebigen jahreszeitlichen Färbung gestalten.
So blieb eigentlich nur noch die Winterlandschaft auf der Wunschliste übrig. Um auch diese Lücke zu schließen, nahm die Firma auf meine Empfehlung hin eine weiße Spezialfarbe auf Dispersionsbasis und Glasdiamantin ins Sortiment. Durch Einstreuen dieses glimmerähnlichen Materials in die noch nasse Schneefarbe wurde der durch die Prismenwirkung der Schneekristalle hervorgerufene Glitzereffekt erzeugt, wie er für sonnenbeschienene Pulverschnee-Flächen typisch ist.
Nun kam es darauf an, die genannten Neuheiten während der kommenden Internationalen Spielwarenmesse in Nürnberg und gleichzeitig auch in Form von überzeugenden Anwendungsfotos in den Werbeschriften des Unternehmens zu

Die mit der Firma Heki gemeinsam entwickelte Farbskala für Gelände- und Baumbeflockung.

hellgrün

mittelgrün

dunkelgrün

kiefergrün

maigrün

blühend

herbstgelb

herbstbraun

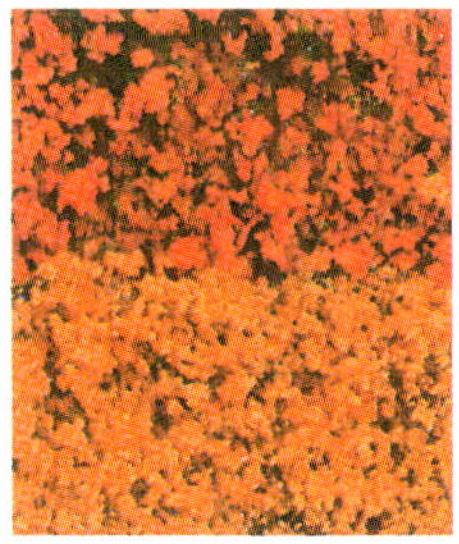

herbstrot

Abbildung Seite 29:
Ländliche Idylle mit Weiher in der Nenngröße H0, gestaltet mit Heki-flor in der typischen Herbstfärbung.

präsentieren. Und so erhielt ich den Auftrag, die hier in der Folge gezeigten Dioramen zu gestalten. Sie dienten nicht nur als Fotomuster und Ausstellungsexponate, sondern auch zur endgültigen Feinabstimmung und Beurteilung der Einfärbungen, während der letzten Phase der Produktentwicklung.
Bei der Gestaltung dieser Dioramen war ich bemüht, die jahreszeitlich typischen Landschaftsmerkmale unter Verwendung der neuen Flocken und Heki-dur-Vliese möglichst überzeugend darzustellen. Für die Frühjahrslandschaft wählte ich einen Geländeausschnitt mit einem frisch gepflügten Acker im Vordergrund, der gerade mit Naturmist gedüngt wird.
Und vor dem Hintergrund der mit Heki-dur gebauten Burgruine standen die Obstbäume in der Blüte, beflockt mit den neuen Heki-Flocken. Die Ackerflächen entstanden übrigens durch Aufziehen mit braun eingefärbter Spachtelmasse und eingestreuten Tabakkrümeln. Stellvertretend für den Hochsommer wählte ich ein Erntefeld vor dem Hintergrund eines Weinbergs mit Aussichtsturm. Der noch stehende Teil des Erntefeldes entstand durch Einbetten von Schweineborsten in braun eingefärbte Spachtelmasse. Der abgeerntete Teil wurde mit der Grasfaser „Wintergras“ beflockt. Sowohl die aus feingefiederten Ästen aus den Baumbausätzen hergestellten Rebstöcke als auch die im Bild gezeigten Bäume und Büsche wurden mit Heki-flor-Belaubungsvlies beflockt. Die Schnitterfiguren stellte uns die Firma Preiser zur Verfügung.

Zur Demonstration des Spätherbstes wählte ich gleich zwei Motive: Eine Burgruine mit einem vorgelagerten Wall von Bäumen in den verschiedenen Stadien ihrer Herbstfärbung. Das zweite Motiv entstand nach dem Vorbild einer ländlichen Szene mit kleinem Teich, Bauernhaus und ebenfalls zahlreichen Bäumen in den verschiedenen Färbungen des „Indian Summer“.

Um den Jahresreigen zu vervollständigen, gestaltete ich noch ein weiteres Diorama im Winterkleid. Die Schneepolster auf den Bäumen und dem auf der Burgmauer thronenden Gebäude wurden mit Plastikmasse aufgeglättet. Der durch Einstreuen von Glasdiamantin in die Schneefarbe hervorgerufene Glitzereffekt war in der Abbildung allerdings nicht darstellbar.

Alle hier gezeigten Dioramen werden heute noch als Exponate auf den verschiedensten Ausstellungen genutzt.

Abbildung oben:
Hochsommerlandschaft mit Aussichtsturm und Ernteszene.

Abbildung Seite 31:
Burgruine mit aufgesetztem Fachwerkhaus, gestaltet im Winterkleid.

Ein Sorgenkind besonderer Art:
Raumfüllende N-Anlage für den Hobbykeller

Die Vorgaben zu dem erteilten Auftrag waren eindeutig: Planung und Bau einer Modelleisenbahnanlage in der Nenngröße N (Nachbildungsmaßstab 1:160), natürliche Landschaftsgestaltung und möglichst viel Betriebsmöglichkeiten unter optimaler Nutzung der zur Verfügung stehenden Räumlichkeit. Letztere bestand aus einem Hobbykeller mit einer Grundfläche von 4,00 × 3,40 m, einem kleinen Oberlichtfenster und einer sich nach innen öffnenden Tür mit einem Öffnungswinkel von 0,90 m.
Allerdings konnte im Türrahmen lediglich eine lichte Öffnung von 0,85 × 1,90 m zum Durchreichen der fertigen Anlagenteile genutzt werden, was ich bei der Anlagenplanung einkalkulieren mußte.

Unter Berücksichtigung der genannten Kundenwünsche entwarf ich den hier gezeigten Anlagenplan in U-Form. Wie bei den meisten der in meinem Atelier gebauten Anlagen, sah ich auch hier als

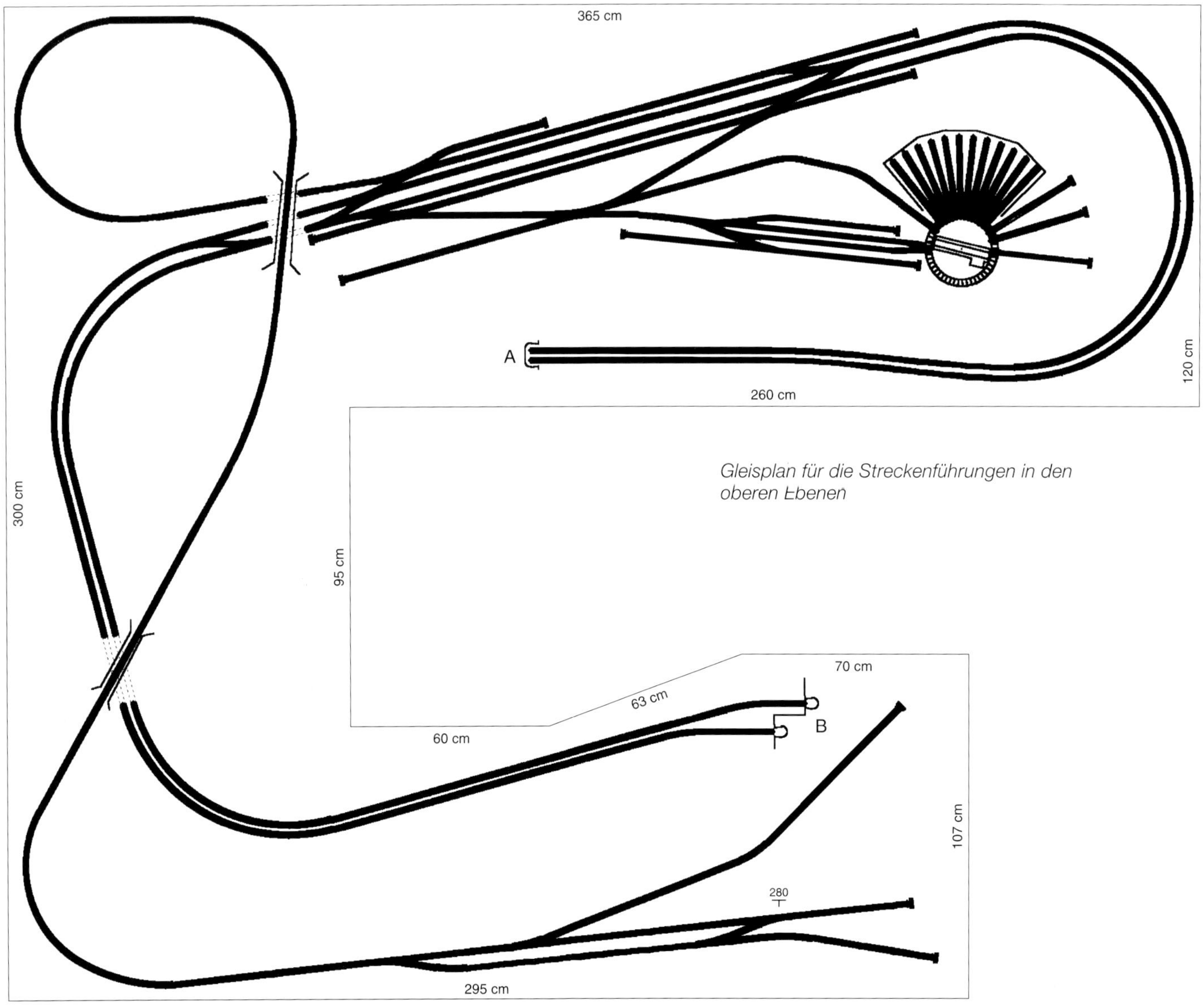

Gleisplan für die Streckenführungen in den oberen Ebenen

Basis einen Gitterrahmen aus Abachi-Holz vor, unterteilt in fünf gegenseitig verschraubbare Segmente.
Die Grundflächenmaße wählte ich so, daß die komplette Anlage, unter Abzug des Drehwinkels der sich nach innen öffnenden Tür, den ganzen Raum mit einem allseitigen Abstand von 0,20 m zu den Wänden ausfüllte. Das reichte zwar als Durchgang nicht aus. Da aber der Anlagenrahmen auf 16 der von mir entwickelten Stahlrohrfüßen mit Niveauausgleich und feststellbaren Lenkrollen stand, ergab sich im Bedarfsfall jederzeit die Möglichkeit, die Anlage an eine Wand zu fahren, wobei sich dann an der gegenüberliegenden Wand der Abstand

Abbildung oben:
Anlagenausschnitt vom Hauptbahnhof mit dem Bahnbetriebswerk in Vordergrund. Im Hintergrund erkennt man das angedeutete Dorf und den kegelförmigen Berg mit der Burg „Branzoll".

Gleisplan für die Streckenführungen in den unteren Ebenen einschließlich Schattenbahnhof

auf das doppelte Maß, also auf 0,40 m, verbreiterte. Dies reichte für die notwendige Bewegungsfreiheit zur Ausführung der allfälligen Wartungsarbeiten an den nur von hinten zugänglichen, verdeckt verlegten Strecken aus.
Der allerdings recht kleine „Innenhof" von nur einem Meter bzw. von nur knapp siebzig Zentimeter an der engsten Stelle reichte natürlich nicht auch noch für ein Gleisbildstellwerk zur Steuerung der drei Bahnhöfe aus. Das Problem löste ich, indem ich zur Steuerung der Weichen und Signale sowie für die drei Fahrregler lediglich ein kleines Schaltkästchen mit nach oben klappbarer Stelltischplatte entwarf. Die Gesamttiefe betrug gerade einmal 15 cm. Auf einer eingelassenen Schaltplatte aus Aluminiumblech, die gleichzeitig als Nulleiter diente, montierte ich die zum Schalten der Weichen, Signale und Entkuppler erforderlichen 68 extrem kleinen Impulskontakttaster mit einem Durchmesser von nur 0,7 mm (System Brawa). Und jedes Tasterpaar erhielt eine Nummer, die identisch mit der des jeweils zugeordneten Magnetartikels war. Die Kennzeichnung auf der Schaltplatte erfolgte mit Letraset-Ziffern zum Aufrubbeln.
Ich dachte jedoch nicht daran, auch die einzelnen Weichen, Signale und Entkuppler auf der Anlage, wie früher üblich, durch Aufstellen von Nummerntafeln in der Modellbahnlandschaft zu kennzeichnen, was beim Schattenbahnhof sowieso nicht funktioniert hätte. Nein, ich erstellte unter Verwendung von original GBS-Bausteinen der Heki-electronic eine Schautafel, die über Augenhöhe hinter der Anlage aufgehängt wurde, ausgestattet wie ein Gleisbildstellwerk, dessen stilisiertes Gleisbild dem der Anlage entsprach, jedoch ohne Taster, aber mit kompletter Ausleuchtung. Die Taster des kleinen Stellpultes wurden mit den entsprechenden Funktionsbausteinen in der Schautafel parallelgeschaltet und ebenfalls mit den entsprechenden Nummern unter Verwendung von Letraset gekennzeichnet. Auf diese Weise konnte man die vom kleinen Stelltisch aus gesteuerten Betriebsabläufe an der Schautafel im Hintergrund der Anlage verfolgen und kontrollieren, zumal auch die Installation von Gleisbesetztmeldern vorgesehen war. Mit der Gleisbild-Schautafel wurde gleichzeitig das störende Kellerfenster hinter der Anlage verdeckt.
Das Gleisbild der Anlage erstreckte sich über drei Ebenen. Mittelpunkt der Anlage war der in der mittleren Ebene gelegene Hauptbahnhof mit angedeuteter Vorstadt. Er war viergleisig mit einem Inselbahnsteig, einem Seitenbahnsteig und einem Ladegleis mit Rampe konzipiert. Außerdem war ein komplettes Dampfbetriebswerk mit Drehscheibe und Ringlokschuppen angegliedert. Vom Hauptbahnhof im rechten Anlagenschenkel konnte der Verkehr entweder auf die zweigleisige Ringstrecke geleitet werden, die den achtgleisigen Schattenbahnhof in der unteren Ebene tangierte, oder auf die eingleisige Bergstrecke, die, in einer Kehre wendend – ständig an Höhe gewinnend – die Bahnhofsausfahrt überquerte und schließlich, über die ganze Anlage hinwegziehend, im zweigleisigen Landbahnhof in der oberen Ebene des linken Schenkels endete.
Für den Trassenbau verwendete ich Minitrix-Gleise auf Heki-Korkbettungen, schwellenoberkantenbündig mit N-Schotter in verdünnten Holzleim geschottert. Das Rohbaugerüst entstand in der von mir entwickelten Spantenbauweise. Darauf aufbauend formte ich das Gelände mit Alabastergips mit einer Armierung aus Aluminiumgewebe. Die Landschaft gestaltete ich mit Heki-Grasfaser „Sommergras" und Modellbäumen aus dem Heki-Meisterprogramm. Haupt- und Nebenstrecken innerhalb der sichtbaren Anlagenbereiche wurden mit einer Oberleitung System Sommerfeldt überspannt.

Als ich die Anlage ablieferte und gemeinsam mit dem Kunden in Betrieb nahm, es war am Tage des Bockbieranstichs in

München, wurde das Ereignis gebührend gefeiert. Sicherlich wären wir dabei weniger fröhlich gewesen, hätten wir geahnt, daß dieses gut gelungene Werk knapp zwölf Monate später auf der Müllhalde landen sollte. Die Tragödie nahm ihren Lauf kurz vor Weihnachten, nachdem der Abnehmer reklamiert hatte, daß er auf dem Fußboden alltäglich häufchenweise Sägemehl zusammenkehren müsse. Natürlich setzte ich mich sofort ins Auto um nachzusehen, was es damit auf sich hatte. Vor Ort stellte ich dann zu meinem Entsetzen fest, daß große Teile des aus Abachi-Holz gefertigten Rahmens nahezu völlig vom Wurm zerfressen waren.

Zunächst wandte ich mich an die Firma, die mir den Rahmen geliefert hatte. Der Inhaber persönlich versuchte zunächst in mühseliger Kleinarbeit die befallenen Teile, so weit dies möglich war, zu entfernen und durch solche aus Kiefernholz zu ersetzen. Ich wußte jedoch über das

Abbildung oben:
Der Ringlokschuppen mit Drehscheibe

Abbildung Seite 34:
Gebirgsdetail im vorderen Teil des linken Anlagenschenkels. Bei den Tunnelportalen handelt es sich um Nachbildungen der südlichen Ausgänge des bekannten Simplontunnels in der Schweiz.

Abachi-Holz, ein schnell nachwachsendes und in den Tropen beheimatetes Weichholz, daß es, wie alle Hölzer aus tropischen Regionen, über spezielle Inhaltsstoffe verfügt, die einen zuverlässigen Schutz gegen die meisten Holzschädlinge bieten. Ein Befall durch den bei uns heimischen Hausbock war also nach menschlichem Ermessen auszuschließen.
Mein Kunde brachte nach Rücksprache mit mir eine Probe des befallenen Holzes in das Labor der Technischen Universität. Dort fand man dann den Übeltäter im Liptuskäfer, der seine Eier ausschließlich in tropischen Weichhölzern ablegt, vornehmlich in Abachi und Gabun. Es sind also die kleinen, mit bloßem Auge kaum sichtbaren Larven dieses gefürchteten und offenbar mit den betreffenden Hölzern aus den Tropen eingeschleppten Schädlings, die unter bestimmten Bedingungen auch bei zugeschnittenen Brettern das Innere in Mehl verwandeln, bevor man an den Oberflächen die kaum stecknadeleinstichgroßen Löcher entdeckt. Danach stellte ich fest, daß auch die bei mir lagernden Vorräte befallen waren, die ich unverzüglich verbrannte, denn nach Aussagen der Wissenschaftler gibt es weltweit kein amtlich zugelassenes Holzschutzmittel, mit dem man, weder in Form einer Oberflächenbehandlung noch durch intensives Tränken, den Liptuskäferlarven beikommen könnte, da die unersättlichen Tiere ihre Fraßgänge unter Verwendung ihrer eigenen, wachsähnlichen Stoffwechselprodukte sorgsam verschließen. Lediglich in einer unter hohem Druck arbeitenden Gaskammer wird die Brut sicher abgetötet. Doch die Gaskammern der Technischen Universität im München waren zu klein für die Anlagenteile, und außerdem war die Zerstörung des Anlagenrahmens zu weit fortgeschritten.
Während der Zeitspanne, die die Untersuchungen in Anspruch nahmen, schlüpften bereits die ersten Käfer in Massen und begannen unverzüglich mit dem Hochzeitsflug. Auch sie überlebten

alle üblichen Insektenvertilgungsmittel. Schließlich blieb keine andere Wahl, als der Transport zur Mülldeponie. Bei näherem Hinsehen stellte sich danach noch heraus, daß selbst das aus Gabun hergestellte Türblatt im Hobbykeller infiziert war. Wenigstens dieses Teil konnte nach einer Behandlung in der Gaskammer gerettet werden.

So mußte ich die Anlage ein zweites Mal bauen. Da es sich um einen Versicherungsschaden handelte, für den der Lieferant des Rahmens haften mußte, traf mich die Sache finanziell nicht allzu hart. Schlaflose Nächte bereitete mir die Sache jedoch insofern, daß ich nahezu alle Anlagen, die bis dahin mein Atelier verlassen hatten, auf Rahmen aus Abachi-Holz aufgebaut waren und ich außerdem auch in allen meinen Schriften dieses besonders verwindungsstabile Holz empfohlen hatte. Zwar hörte man hier und da in Fachkreisen der holzverarbeitenden Betriebe vom Liptuskäfer, doch so sehr ich auch nachforschte, gab es bei allen anderen Kunden keine Hinweise auf einen solchen Schädlingsbefall. Auch unterlegtes schwarzes Papier zeigte bei Anlagen jüngeren Datums keinerlei Spuren von Holzmehl. Dennoch verwendete ich für die folgenden Anlagen vorsichtshalber zunächst nur Rahmen aus weitgehend astfreiem Kiefernholz, nachdem Versuche mit Pappelholz fehlgeschlagen waren. Die erheblich geringere Verwindungstabilität dieser Holzart machte sich jedoch schon bald an einer der nächsten Großanlagen bemerkbar, deren Fugen an den Rahmenverbindungen immer wieder aufgingen und Nacharbeiten erforderten. Entwarnung gab es erst, als mich ein Wissenschaftler und Holzexperte über den Liptuskäfer eingehend unterrichtete. Von ihm erfuhr ich, daß dieser gefürchtete Schädling vorzugsweise nur lebende Hölzer befällt und die Larven sich in totem Holz nur dann weiterentwickeln können, wenn dessen Feuchtigkeitsgehalt mindestens 3% beträgt, ein Wert also, der unter normalen wohnraumklimatischen Verhältnissen nicht erreicht wird. Darin lag wohl des Rätsels Lösung, warum es bei keiner anderen Anlage aus meinem Atelier zu solchen Schäden kam. Der Hobbykeller meines Kunden hingegen war zwar sauber, aber, da es sich um eine Altbauvilla aus der Vorkriegszeit handelte, nicht nach den heutigen Erkenntnissen fachgerecht gegen kapillar aufsteigende Erdfeuchte isoliert. Diese, wie mein Kunde meinte, geringe „Kellerfeuchte" versuchte er mit Hilfe der Wärme des ständig aufgedrehten Heizkörpers auch während der Sommermonate auszugleichen. Und damit schuf er unbewußt das ideale feuchtwarme Tropenklima, in dem sich die Schädlinge besonders gut entwickeln konnten. Auch bei mir zu Hause konnte ich mich danach erinnern, daß ich die wenigen Leisten aus Abachi-Holz, die ich vorrätig gehalten hatte und die befallen waren, in der unbeheizten Garage gelagert hatte. Wahrscheinlich waren die am Auto verdunstende Nässe in Verbindung mit der

Abbildung oben:
Blick aus der Vogelperspektive auf die Landschaftsgestaltung des linken Anlagenschenkels.

Abbildung Seite 36:
Blick auf das dem Hauptbahnhof vorgelagerte Dampfbetriebswerk.

Wärme des abkühlenden Motors die Faktoren, die für das Klima verantwortlich waren, das dem Liptuskäfer eine Überlebenschance bot.
Seit ich über diese Kenntnisse verfüge, verwende ich für meine Anlagenrahmen wieder Abachi-Holz, weil es praktisch keinen gleichwertigen Ersatz gibt. Auch umweltpolitisch ist es unbedenklich, da dieses schnellwachsende Weichholz nicht zu den klassischen Vertretern der tropischen Regenwälder zählt und dort auch nicht überlebensfähig wäre.
Allerdings empfehle ich heute, auf die Verwendung von Abachi-Holz beim Anlagenbau zu verzichten, wenn am Standort keine normalen wohnraumklimatischen Verhältnisse vorherrschen, was im Zweifelsfall mit Hilfe eines in jedem Fachgeschäft für wenige Mark erhältlichen Wohnraumklimamessers leicht festgestellt werden kann.

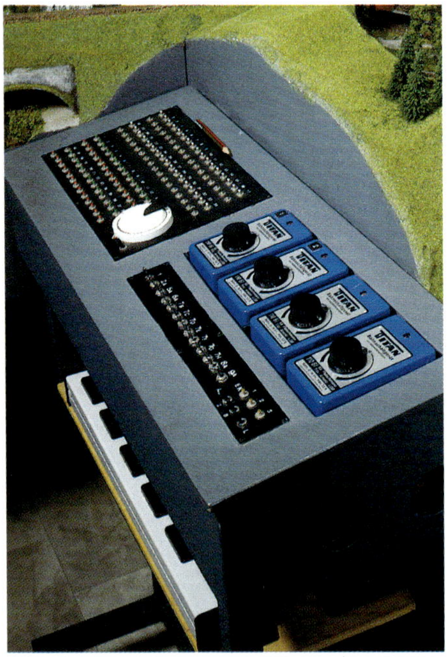

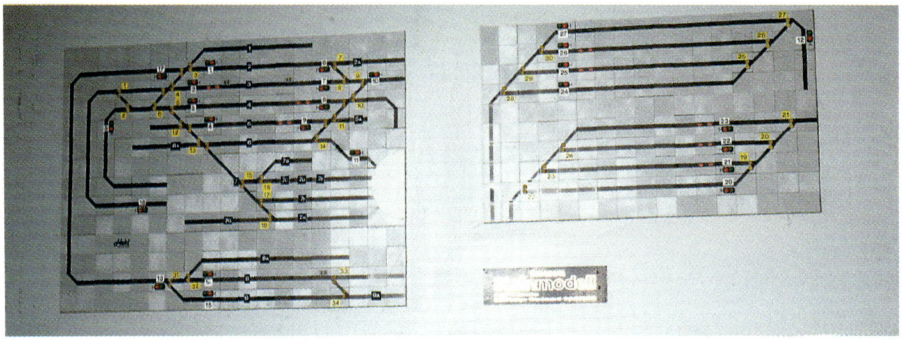

Abbildungen oben:
Das Stelltischchen geschlossen und geöffnet.

Abbildung links:
Die Rückmelde-Kontrolltafel System Heki an der Wand vor der Kellerfensternische.

Ein Kleinod nach historischem Vorbild:
HOe-Feldbahnanlage im Teufelsmoor

Um es vorwegzusagen: Es ist eine der schönsten Modelleisenbahnanlagen, die in meinem Atelier entstanden sind, obwohl die Gestaltungsfläche kaum mehr als 3 m^2 betrug und sie darüber hinaus nur wenig Fahrbetriebsmöglichkeiten bot. Zugegebenermaßen war mir bei diesem Modell die Landschaft in Verbindung mit der korrekten zeitgenössischen Darstellung einer Torfstichszene im Stil der fünfziger Jahre wichtiger als die Bahn. Und so glich das Ergebnis auch mehr einem plastisch gestalteten Landschaftsbild als einer Modelleisenbahnanlage.
Dieses Werk entstand ausnahmsweise einmal nicht im Kundenauftrag, sondern als Geburtstagsgeschenk für meinen Freund O. Sickert aus Dankbarkeit für die jahrelange gute Zusammenarbeit. Herr Sickert, Hersteller aller der in diesem Band gezeigten Modellschiffe (Wegas), war begeistert von meiner Idee, auch einmal eine Torfbahnszene zu gestalten, und wir dachten beide lange darüber nach, wie man sie verwirklichen könnte.
Angeregt dazu wurde ich durch einen Fernsehfilm, der das Leben und Wirken einer Torfbauernfamilie über vier Generationen hinweg zum Thema hatte, dessen Titel ich aber leider vergaß. Ich war fasziniert von der großartigen Landschaft im Teufelsmoor rund um das Dorf Worpswede. Schon um die Jahrhundertwende zog dieser Ort scharenweise Künstler an, die dort eine Malerkolonie gründeten. Der Entwurf zu dieser Anlage entstand dann auch nach einer Idee von Herrn Sickert. Er fertigte außerdem auch die vier Wasserfahrzeuge, einen Torfprahm, einen Sandprahm und die zwei Treidelkähne mit Besegelung.
Bei den letztgenannten Treidelkähnen, die Herr Sickert maßstäblich exakt nach historischen Unterlagen gestaltete, handelt es sich um Nachbildungen der Originale, wie sie die Torfbauern vereinzelt noch bis in die fünfziger Jahre hinein zum Transport der getrockneten „Torfbri-

Abbildung oben:
Blick aus der Vogelperspektive auf den Kanal mit der Feldbahntrasse und Torfzug. Im Vordergrund sieht man das vorbildgetreu nachgebildete Modell eines Torfkahns mit Besegelung, wie ihn die Torfbauern zum Transport ihrer „Torfbriketts“ benutzten.

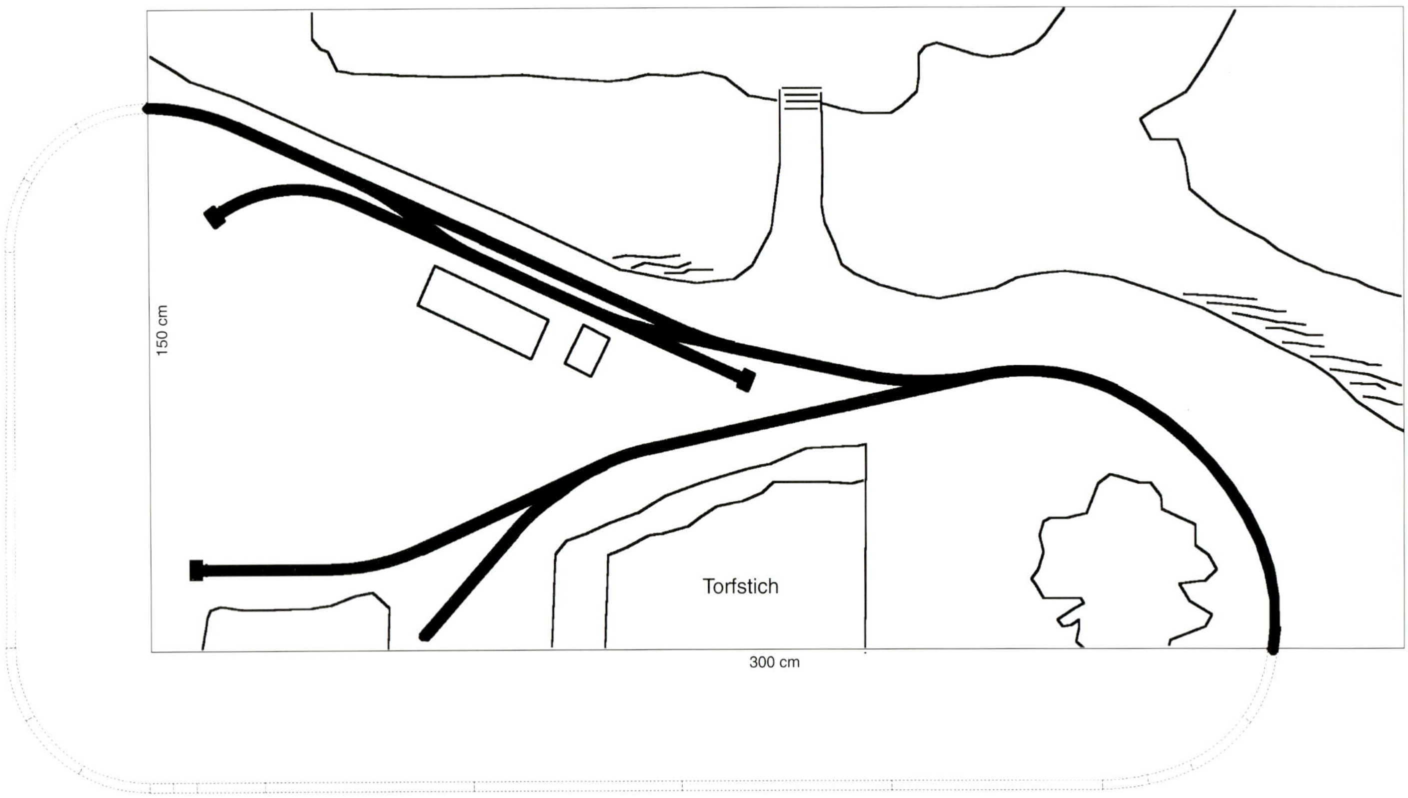

Skizze oben:
Der Gleisplan der hier beschriebenen Feldbahnanlage mit Umladebahnhof und den Zubringergleisen zum Torfstich.

Abbildung rechts:
Detail mit Feldbahntrasse und Torfzug mit vorgespannter Unimog-Diesellokomotive. Die Sicherung der Sandbettung durch eingerammte Holzpflöcke ist in der Aufnahme gut erkennbar.

Abbildung Seite 41:
Blick aus der Vogelperspektive auf den Umladebahnhof mit offener Trockenhalle und der kleinen Hafenanlage. Eine Besonderheit ist das Modell der Schiebebrücke (Wegas), die gleichzeitig zur Tarnung der Trennfuge diente.

ketts“ nach Bremen benutzten. Dort verkauften sie ihre Ware als Brennmaterial. Da die Torfschiffer für den Hin- und Rückweg oft mehrere Tage benötigten, nächtigten sie unterwegs im Bug ihrer Kähne. Ungeachtet der dort herrschenden Enge waren in diesem kleinen Raum ein Ofen und zwei Schlafkojen untergebracht. Meistens reisten die Schiffer zu zweit, in der Regel Mann und Frau. Bei günstigem Wind wurde das Segel gesetzt. In den wenigen befahrbaren Kanälen war die Strömung allerdings so gering, daß bei ungünstigem Wind getreidelt werden mußte, wobei die Frau ausstieg und den Kahn, auf einem Knüppeldamm gehend, an einem Seil hinter sich herzog. Ein Kreuzen gegen den Wind wäre in den schmalen Gewässern nicht möglich gewesen.

Mittelpunkt der gestalteten Szene war der zweigleisige Torfbahnhof mit einer offenen Halle zur Lagerung der getrockneten Briketts. In der danebenliegenden Hütte war die Schreibstube des Aufsehers untergebracht. Vorgelagert war ein Ladekai mit kleinem, handbetriebenem Drehkran.

Als Besonderheit erkennt man in einigen der Abbildungen die Schiebebrücke, die die beiden Ufer des Hafens miteinander verband, jedoch im Fall der Durchfahrt eines Wasserfahrzeuges von Hand wie eine Ausziehleiter ineinandergeschoben werden konnte. Auch diese eigenwillige Konstruktion war ein Unikat der Firma Wegas.

Im linken vorderen Teil der Anlage war ein Torfstich nachgebildet, dessen unterste Abbaulage bereits unter Wasser stand. Wie in den Abbildungen erkennbar, waren zwei Arbeiter mit dem Torfste-

chen beschäftigt, während sich ein dritter anschickte, die bereitstehenden Loren mit den getrockneten Briketts zu beladen.
Die auf Heki-Korkbettungen verlegten Roco-Feldbahngleise in der Nenngröße H0e (Nachbildungsmaßstab 1:87, Spurweite 9 mm) bettete ich vorbildgerecht auf eine feine, in Kleber eingestreute Sandmischung. Auch im Original hatte man früher die Feldbahngleiskörper, die aus relativ kurzen Teilen bestanden und deren Schienen mit den Stahlschwellen fest verschweißt waren, lediglich auf eine planierte Sandschicht gelegt und gegenseitig verschraubt. Da die Gleise immer wieder, dem Fortschreiten beim Torfabbau entsprechend, neu verlegt werden mußten, kamen aufwendige Schotterbettungen nicht in Frage. Dennoch war man vor allem in Kurven gezwungen, durch besondere Maßnahmen die Trassen auf den weichen Böden gegen ein Abdriften zu sichern, wie zum Beispiel durch Einrammen von Pfählen. Durch Vorleimen von aus Ahornzweigen hergestellten Rundhölzern vor die Korkbettung, gelang auch die Nachbildung dieser Variante

Abbildung oben:
Blick auf den Ladekai mit den beiden Drehkränen und auf den Umladebahnhof. In dieser Aufnahme stechen vor allem die schönen handgearbeiteten Kähne der Firma Wegas ins Auge.

Abbildung Seite 42:
Das Detail zeigt einen Torfstich mit Anschlußgleis. Zwei Arbeiter sind mit dem Abbau beschäftigt.

recht vorbildnah, wie in der Abbildung vom rechten Anlagenteil deutlich erkennbar ist. Die Geländestruktur modellierte ich mit Alabastergips auf einem mit Aluminiumgewebe überformten Sperrholzgerippe. Die Gewässer entstanden mit Uhu-Gießharz (heute Faller-Gießmasse) und die Landschaftsgestaltung erfolgte unter Verwendung von Heki-Grasfasern, die elektrostatisch aufgebracht wurden. Zur Gestaltung der Knüppeldämme wählte ich längsgespaltene Ahornzweige, die ich mit Uhu-Alleskleber aufleimte.

Das Schaustück wurde zunächst nur als Diorama gestaltet, dessen Fahrbetriebsmöglichkeiten sich in einfachen Rangierfahrten erschöpften.

Im Gleisplankonzept sah ich jedoch die Möglichkeit vor, daß man die beiden an den Anlagenrändern angeschnittenen Streckenenden durch eine weiterführende Schleife außerhalb zu einer Ringstrecke verbinden kann, wie im Plan eingezeichnet. Und diese Streckenverbindung, die beispielsweise unter einer Rahmenabdeckung versteckt liegen könnte, wäre außerdem noch um einen zwei- bis dreigleisigen Schattenbahnhof erweiterbar.

Auf den Torfbahngleisen rund um Worpswede wurden vorwiegend Feldbahnzüge eingesetzt, die aus Brücken- und Kipploren bestanden, gezogen von Feldbahnloks der Marken Gmeiner und Deutz. Auf anderen Torfbahnen gab es früher auch Dampflokomotiven, die mit dem vor Ort vorhandenen Brennstoff Torf beheizt wurden. Bei den auf dem Diorama abgebildeten Modellen handelte es sich jedoch um Nachbildungen einer etwas moderneren Unimog-Feldbahnlokomotive mit Loren aus dem Roco-H0e-Schmalspurprogramm.

Die hier vorgestellte, in der Mitte teilbare Feldbahnanlage „Teufelsmoor“ wurde von der Firma Wegas zunächst mehrfach als Ausstellungsanlage genutzt. Danach stand sie zwei Jahre lang als Leihgabe im Modellbahnzentrum Pfarrkirchen, wo sie allerdings in Ermangelung ausreichender Schutzvorrichtungen stark demoliert wurde. Wohl aus diesem Grund dürfte sie heute als Schaustück für öffentliche Ausstellungen nicht mehr zur Verfügung stehen.

Abbildung oben:
Mit diesem Detail wird das „Treideln“ demonstriert, wobei der mit Torfbriketts beladene Kahn bei ungünstigem Wind vom Ufer aus gezogen wird.

Messeexponat für das Haus Faller:
H0-Schauanlage mit Brückenwehr

Während meiner länger als zwei Jahrzehnte dauernden Zusammenarbeit mit dem Hause Faller erhielt ich alljährlich den Auftrag, die zur Internationalen Spielwarenmesse in Nürnberg benötigte große Schauanlage zu bauen. Im Zentrum des dortigen Firmenstandes hatte sie einen festen Platz neben dem Infostand, an dem sich das Publikum drängte. Was die Gestaltung dieser Anlagen anbetraf, konnte ich meist die Motive frei wählen. Allerdings mußte ich, jeweils in Abstimmung mit der Geschäftsleitung, im Rahmen des gewählten Themas bestimmte Erzeugnisse, in der Regel Neuheiten, besonders herausstellen. Und außerdem mußte ich mich genau an die vorgegebenen Grundmaße halten, damit der Anlagenrahmen in den Raster des Ausstellungsstandes hineinpaßte. Nach der Spielwarenmesse wurden die Schauanlagen noch zwei Jahre für die eigene Werbung auf verschiedenen Ausstellungen im In- und Ausland genutzt und danach verkauft.
Bei der hier vorgestellten, für die Internationale Spielwarenmesse 1991vorgesehenen Messeanlage in der Nenngröße H0, erhielt ich die Vorgabe, die vielfältigen Kombinationsmöglichkeiten zwischen der Modelleisenbahn und dem Faller-Car-System zu demonstrieren. Dabei ging es weniger um die Betriebstechnik als um das harmonische Nebeneinander von den auf den Modellstraßen verkehrenden batteriebetriebenen Autos und den auf dem Schienennetz fahrenden Zügen. Die zur Verfügung stehende Grundfläche war mit 6,60 × 1,45 m vorgegeben; für die Umsetzung des Kundenwunsches doch recht wenig. Die größte Schwierigkeit lag nämlich in dem Umstand, daß ich, um einen auf allen Verkehrswegen einigermaßen realistisch erscheinenden Fahrbetrieb durchführen zu können, für beide in sich geschlossene Ringstrecken einplanen mußte, die im Landschaftsbild nicht erkennbar sein sollten. Ganz im Gegenteil sollte sich der sichtbare Bereich als ein möglichst na-

Abbildung oben:
Das mit Modellgips gestaltete Brückenwehr mit Straßenbahntrasse und zweispuriger Autostraße.
Die Personenfähre (Wegas) dreht auf den Anlegesteg ein.

turnaher und harmonisch ausgeglichener Geländeausschnitt präsentieren. Was mir in diesem Zusammenhang zunächst als unmöglich erschien, gelang mir letztlich sogar mit der Aufnahme einer dritten Ringstrecke in Form einer Überland-Straßenbahn.
Auch mit diesem Plan verwirklichte ich eine Idee meines Freundes Sickert, der, sicherlich nicht gänzlich ohne Eigennutz, stets ein Detail mit ins Bild brachte, das es ihm gestattete, mindestens eines seiner herrlichen Binnenschiffsmodelle zu zeigen. Dies dürfte auch der Grund dafür gewesen sein, warum er gerade ein Brückenwehr mit kleinem Fährboothafen als Thema vorschlug. Da ich solche Brückenwehre aus der Vogelperspektive während meiner Flüge über Norwegen und Schweden kennengelernt hatte, stimmte ich sofort zu. Bei diesen Brückenwehren handelt es sich nämlich um größere, gleichzeitig als Straßen- oder Eisenbahnbrücken genutzte Stauwehre, die meistens am Ende eines Fjords liegen und deren vornehmliche Aufgabe es ist, die aus dem Faltenrelief der Gebirge herabstürzenden Wassermassen zu regulieren.
Insbesondere mit der einsetzenden Schneeschmelze verhindern diese soliden Bauwerke, die oft zusätzlich noch

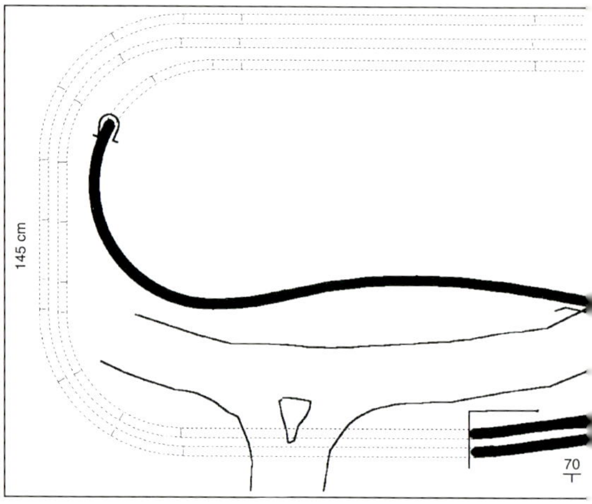

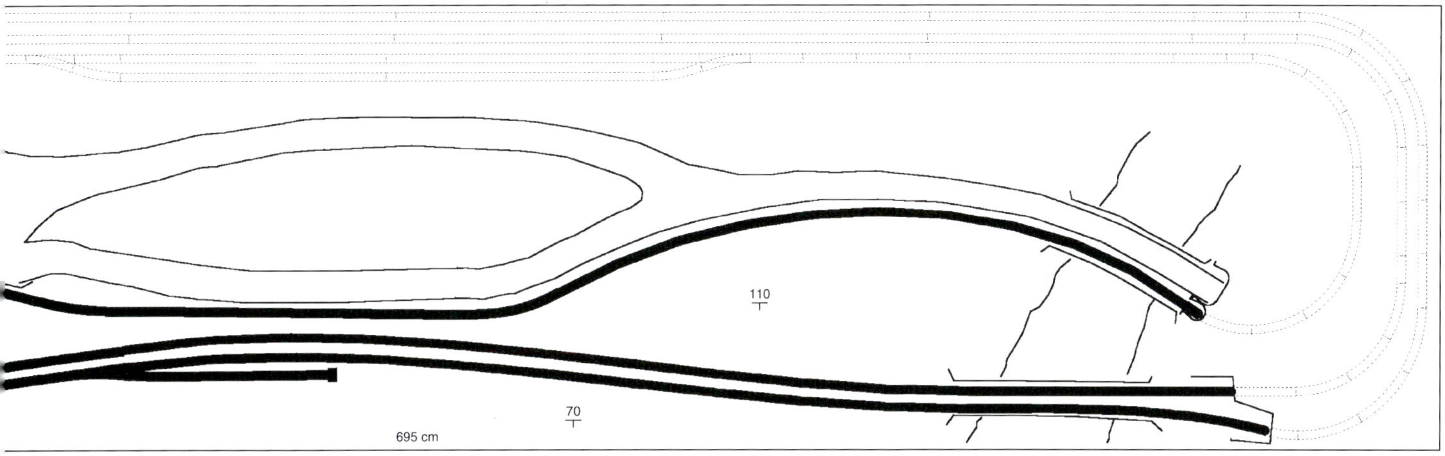

der Energiegewinnung dienen, daß die besiedelten Gebiete in den engen Tälern alljährlich überschwemmt werden.
Zwar entspricht das hier gezeigte Modell eines größeren, aus Stahlbeton erbauten Brückenwehrs mit zwei schweren, hydraulisch betriebenen Schiebern, keinem bestimmten Vorbild. Doch der Entwurf entstand aus dem Mosaik meiner Erinnerungen, wie ich sie von existenten Bauwerken dieser Art gespeichert hatte. Typisch sind die schiffsrumpfähnlich geformten Betonpfeiler, die wie ein Bollwerk den zerstörerischen Kräften der anprallenden Fluten standhalten müssen.
Über das Wehr hinweg führt die zweispurig ausgebaute Fahrbahn der Autostraße sowie die parallel geführte Trasse einer Überland-Straßenbahn.
Unmittelbar unter dem Wehr beginnt der strömungsberuhigte, schiffbare Teil des Gewässers mit nur wenig bewegter Oberfläche, dokumentiert durch die auf den Anlegesteg zu laufende, von Herrn Sickert aus Karton gebaute Personenfähre. Das mit mehrstöckigen Wohn- und Geschäftshäusern bebaute Ufer beweist ferner, daß sich die Menschen hinter der Staumauer sicher fühlen.

Im vorderen Teil der Anlage schnürt eine doppelgleisige Hauptstrecke, rechts aus dem Gebirge tretend und zunächst über eine Stahlträgerbrücke führend, am kleinen Bahnhof vorbei, um dann wieder in der Tunnelröhre des links ansteigenden Hanges zu verschwinden. Über eine Fußgängerbrücke und einige Treppenstufen ist die etwas höher gelegene Straßenbahnhaltestelle vom Bahnhof aus erreichbar. Auch vom Fährboothafen aus

Abbildung Seite 46:
Das Brückenwehr mit Fährboothafen im Blick von der Anlagenmitte aus. Links im Anschnitt sieht man die über den Fluß führende Stahlgitterbrücke der zweigleisigen Eisenbahnstrecke.

Abbildung oben:
Blick auf die Schuhfabrik mit der Autostraße im Hintergrund.

Skizze oben:
Der Gleisplan zu dieser Anlage.

Abbildung oben:
Anlagenausschnitt von oberhalb des Brückenwehrs mit der im Hintergrund in der oberen Ebene über das angestaute Gewässer führenden Autostraße.

führt eine Treppe durch das parkähnlich angelegte Gelände zur Straßenbahnhaltestelle hoch. Auf diese Weise ist die im Zentrum der Anlage gelegene Schuhfabrik von den Pendlern über alle drei öffentlichen Verkehrsmittel leicht erreichbar.

Um das Fabrikgelände herum teilt sich die Autostraße in zwei Einbahnstraßen, um sich im linken Anlagenteil wieder zu vereinigen, bevor sie ebenfalls in den Berg hineinführt. Die ansteigende Straßenbahntrasse kreuzt die Autostraße und umrundet eine terrassenförmig angelegte Siedlung, bis sie schließlich als Dritte im Bund in den Berg tritt. Im Untergrund verborgen befindet sich ein zweigleisiger Ausweichbahnhof, der während des Ausstellungsbetriebs einen über Heki-Module vollautomatisch gesteuerten Zugverkehr in wechselnden Richtungen ermöglichte. Ein weiteres elektronisches Modul besorgte die Aufenthalte an der Haltestelle vor der Fabrik.

Die bereits innerhalb des sichtbaren Anlagenbereichs ansteigende Straßentrasse tritt nochmals im Hintergrund aus dem Tunnel des Steilhangs, um das angestaute Gewässer vor dem Brückenwehr zu überqueren.

Drei quer ziehende Verkehrswege, eine Fabrik inmitten einer sich teilenden Auto-

Abbildung Seite 49:
Blick aus der Vogelperspektive von rechts auf das Brückenwehr und den Fährboothafen.

H0-Korkbettungen verlegte und schwellenoberkantenbündig unter Verwendung von dunkel gefärbtem Quarzsand einschotterte. Die Straßenbahn lief hingegen auf Roco-Zweileiter-Gleisen, die sich der fehlenden Punktkontakte wegen zum Einbringen der schienenhöhengleichen Füllstücke aus Heki-dur an der Haltestelle besser eigneten. Nur die Straßenbahntrasse erhielt eine nicht funktionsfähige Einfachoberleitung System Sommerfeldt, deren Fahrdraht hinter den Tunnelportalen mit Spiralfedern verspannt war. In Verbindung mit dem Gleichstromfahrbetrieb gestaltete sich auch die Installation der Pendelautomatikschaltung weniger schwierig und außerdem kostengünstiger, da der obligate Fahrtrichtungswechsel lediglich ein Relais zur Umpolung des Betriebsstromes erforderte.

Auch bei dieser Anlage, deren Grundgerüst in der bewährten Spantenbauweise auf stabilem Leistengitterrahmen aus Abachi-Holz entstand, verwendete ich für die Straßentrasse 8 mm starkes Sperrholz. Eine dünnere Trasse, wie gelegentlich von anderen Autoren empfohlen, wären mir aufgrund meiner eigenen Erfahrungen nicht verzugssicher genug gewesen. Mit Hilfe der kleinen Mini-Oberfräse von Böhler fräste ich, der zuvor exakt aufgezeichneten Linie folgend, die etwa 0,75 mm tiefe Nut zur Aufnahme des Leitdrahtes. Hier begnügte ich mich allerdings nicht mit dem Einspachteln des doch sehr störrischen Stahldrahtes unter Verwendung von grauem Nitrospachtel. Um sicher zu sein, daß der Leitdraht auch in den Kurven dauerhaft in der Nut verblieb, fixierte ich ihn vor dem Einspachteln punktweise und in Abständen von etwa 10 cm mit dem Zweikomponentenkleber Uhu-Schnellfest. Nach dem Glätten mit grauem Nitrospachtel und Trockenschliff erfolgten zwei deckende Anstriche mit Heki-Straßenfarbe im Farbton Asphalt. Den letzten Anstrich, der stets mit Hilfe einer Moltopren-Walze aufgebracht werden sollte, habe ich dann mit Wasserschleifpapier der Körnung 320 trocken in Richtung des rollenden Verkehrs überschliffen, wobei, durch die in der Spezialfarbe enthaltenen Zuschlagstoffe bedingt, der typische Oberflächeneffekt des natürlichen Fahrbahnabriebs sehr vorbildnah zutage trat.

Abbildung oben:
Blick von links auf den Bahnhof und die Straßenbahnhaltestelle vor dem Museum mit der Schuhfabrik im Zentrum.

straße, ein Fährboothafen, ein Bahnhof und eine Straßenbahnhaltestelle; dies alles einigermaßen realistisch dargestellt auf einer Grundfläche von nur knapp 9 m², ist zugegebenermaßen eine Konstellation, die nur unter den beengten Verhältnissen innerhalb eines norwegischen Fjords glaubhaft dargestellt werden konnte. Dessenungeachtet kam dieses etwas eigenwillige Motiv auch hierzulande beim Publikum gut an.

Was die technische Ausführung anbetrifft, wählte ich für die zweigleisige Magistrale Märklin-K-Gleise, die ich auf Faller-

Abbildung Seite 51:
Blick von rechts oben auf das Brückenwehr. Dahinter erkennt man die Straßenbahnhaltestelle und die der Schuhfabrik vorgelagerte Verkehrsinsel.

HOYER

Die Betonpfeiler und die Staumauer des Brückenwehrs formte ich aus Alabastergips, und die Schieber entstanden aus Balsaholz. Die auf dem rechten Hügel thronende Burgruine erbaute ich aus Sperrholz und verkleidete die Mauern beidseitig mit Heki-dur-Modellbauplatten, deren Struktur ich fleckenweise mit gipshaltiger Spachtelmasse glättete. Hierbei erzielte ich eine Oberflächencharakteristik, wie sie für Mauern mit noch anhaftenden Resten des ursprünglichen Glättputzes typisch ist. Den Turm fertigte ich, indem ich eine Papprolle mit den elastischen Modellbauplatten ummantelte. Auf die Zinnen der inneren Wehrmauer setzte ich das Oberteil eines Gebäudebausatzes; eine Situation, wie man sie häufig in Wirklichkeit bei Ruinen mit kleinen Innenhöfen vorfindet, wo der Platz für das obligate Ausflugslokal nicht ausreichte. Unterhalb der Burgruine sieht man in der Abbildung das bloßliegende Porphyr-Gestein mit in den Fels hineingebauten Pkw-Garagen (Faller). Die Grünflächen auf der gesamten Anlage wurden unter Verwendung von synthetischer Grasfaser beflockt. Versuchsweise kamen außerdem seriengefertigte Modellbäume zum Einsatz, die mit hellen Flocken noch einzeln nachbearbeitet wurden. Die zahlreichen Büsche entstanden aus Islandmoos, die ich mit Heki-flor überformte.

Die aus Alabastergips geformten und mit dunkelblauer Dispersionsfarbe vorbereiteten Gewässergründe goß ich mit Uhu-Gießharz auf Epoxidharzbasis aus. Nach einer Topfzeit von etwa drei Stunden konnte ich die leicht bewegte Wellenstruktur mit Hilfe eines Holzspatels einmodellieren. Die unter den Schiebern des Brückenwehrs herausschießenden Wasserschwälle fertigte ich aus glasklarer Verpackungsfolie. Die zuvor passend zugeschnittenen und unter Wärmeanwendung vorgeformten Teile klebte ich mit Uhu-plus-Zweikomponentenkleber in die Schieberöffnungen. Dann galt es lediglich noch, die Schaumkronen mit dem gleichen Werkstoff aufzumodellieren und nach erfolgter Aushärtung weiße Plakatfarbe mit der Fingerkuppe aufzuwischen. Die Anlage wurde von der Firma Faller etwa drei Jahre als Messe- und Ausstellungsanlage genutzt und dann nach Großbritannien verkauft.

Abbildung oben:
Die mit Heki-dur-Modellbauplatten gestaltete Burgruine auf der rechten Anhöhe.

Abbildung Seite 51:
In dieser Aufnahme kann man die Zugänge zur Fabrik vom Bahnhof, vom Fährboothafen und von der Straßenbahnhaltestelle aus sehr gut verfolgen.

Ein Vorschlag, der nie realisiert wurde:
H0-Übereckanlage in U-Form

Obwohl dieser Anlagenentwurf nie realisiert wurde, lohnt es sich, ihn hier zu zeigen. Ich habe ihn für einen nicht eben armen Villenbesitzer konzipiert, der über ein großzügig gestaltetes Anwesen mit Seeblick verfügte. Der Hobbyraum jedoch, in dem die Modelleisenbahnanlage untergebracht werden sollte, lag im Kellergeschoß, hatte nur kleine Oberlichtfenster und war vom Erdgeschoß aus nur über eine enge Wendeltreppe zugänglich. Eben diese eingeschränkte Zugänglichkeit erforderte bei dem zur Verfügung stehenden Stellplatz mit einer Grundfläche von 7,00 × 5,00 m ein Anlagenkonzept, das in entsprechend kleine Segmente unterteilt werden konnte. Der sich aus den Maßen 1,60 × 1,60 × 0,75 m ergebende Kubus eines Einzelelementes durfte dabei an keiner Stelle, auch nicht um einen Zentimeter, überschritten werden, sonst wäre er durch die vorhandenen Öffnungen nicht mehr hindurchgegangen.

Und wie so oft, sollte auf Wunsch des Kunden trotz des eingeschränkten Raumangebotes eine Anlage entstehen, die großzügigen Fahrbetrieb auch mit Schnellzug-Garnituren bietet. Ferner war ein entsprechend großer Durchgangsbahnhof mit angegliederter Dampflokbasis, ein mindestens sechsgleisiger Schattenbahnhof in der unteren Ebene und ein Endbahnhof an einer eingleisigen Strecke im Gebirge gefordert.
Ich arbeitete wohl einige Stunden am Reißbrett, bis ich mit dem hier vorgestellten Plan eine Lösung fand, die sowohl ästhetisch befriedigte als auch ohne größere Schwierigkeiten hätte realisiert werden können. Das Konzept beruhte auf einer großzügig geplanten, über die ganze Anlage hinwegziehenden zweigleisigen Magistrale, die mit relativ weiten Radien und eleganter Trassenführung in Ringform angelegt, den Hauptbahnhof in der mittleren Ebene und den Schattenbahnhof im Untergrund tangierte. Das Dampf-Bw mit Drehscheibe und Ringlokschuppen mit allen Versorgungsgleisen, ausgerichtet auf die klassische Behandlungsreihenfolge, verfügte über zwei Anschlußgleise. Eine eingleisige Strecke, die vom Hauptbahnhof abzweigte, führte zu dem zweigleisigen Endbahnhof in der oberen Ebene. Ungeachtet der doch recht umfangreichen Betriebsmöglichkeiten, wäre im Fall einer Verwirklichung zwischen den Gleisen noch genügend Platz für eine naturnahe Geländegestaltung vorhanden gewesen. Lediglich die auf 80 cm limitierte Gesamthöhe hätte den Gebirgsbau im vorderen Schenkel etwas eingeschränkt.
Dem Anlagenentwurf liegt die Gleisgeometrie des H0-Roco-Line-Systems zugrunde. Zur Anlagensteuerung war ein Gleisbildstellwerk und Gleichstromfahrbetrieb vorgesehen. Da sich der Interessent jedoch nicht in die Vormerkliste einreihen und die damals übliche Wartezeit von rund zwei Jahren in Kauf nehmen wollte, kam der Auftrag nicht zustande.

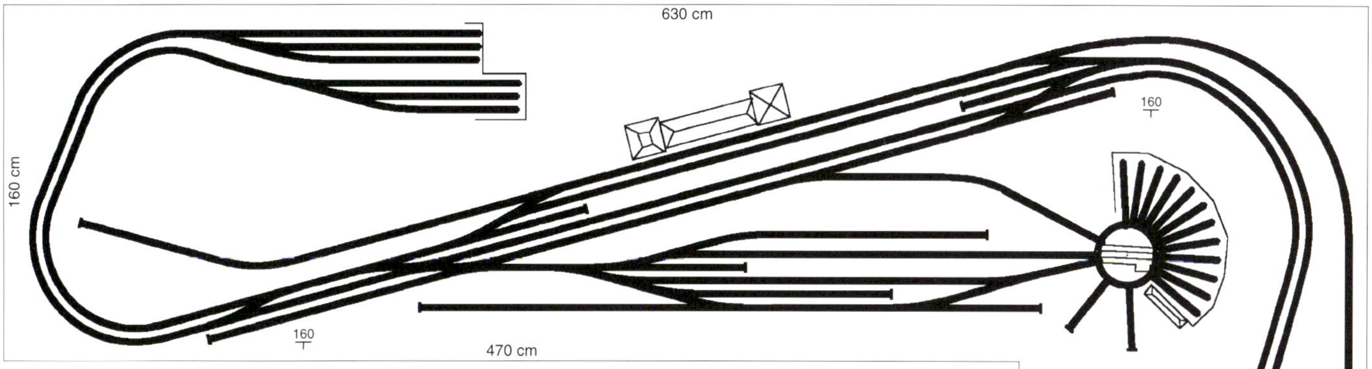

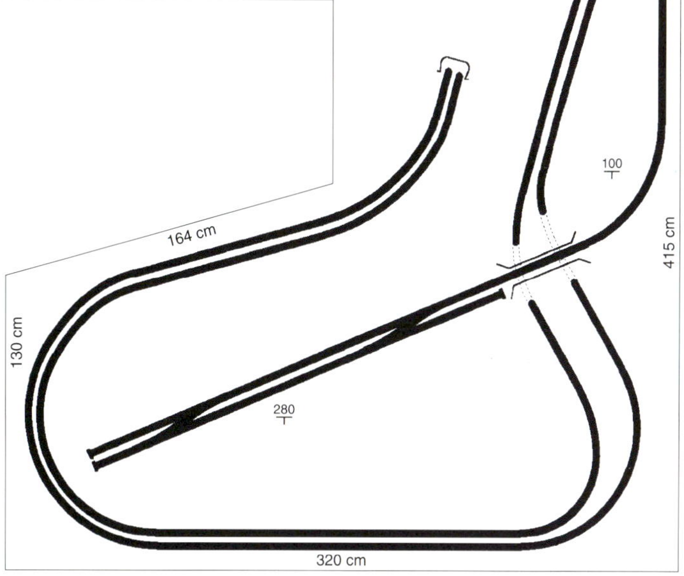

Gleisplan zu den oberen Ebenen der hier beschriebenen H0-Anlage

Gleisplan zu den verdeckt verlegten Strecken in der unteren Ebene mit den beiden Schattenbahnhöfen.

Abbildung Seite 54:
Behandlungsgleise eines historisch getreu aufgebauten klassischen Dampfbetriebswerks mit Bekohlungsstation (Faller), Entschlackungsstation und Besandungsstation.

Abbildung links:
Drehscheibe eines Dampfbetriebswerkes mit Ringlokschuppen und Lokwerkstatt. An den beiden Einfahrgleisen sind die Türme der druckluftbetriebenen Besandungsanlage mit Sandbunker zu erkennen.

Ein betriebsfähiges Diorama für die Vitrine:
Schafberg-Zahnradbahn im Pendelverkehr

Von einem auf das Salzkammergut spezialisierten Wanderfreund erhielt ich den Auftrag zu einem betriebsfähigen Vitrinenmodell von der Schafbergbahn. Einige sehr gute Fotos von dem nachzubildenden Streckenabschnitt der 5,8 km langen, vom Wolfgangsee bis auf die Schafbergspitze hinauf führenden Zahnradstrecke, wurden mir zur Verfügung gestellt, ebenso die H0m-Dampflokomotive (Marke Gerard, Wien) mit dem schrägliegenden Kessel, ein Personenwagen und das benötigte Gleismaterial mit den einklipsbaren Zahnstangenteilen.
Das Diorama, das in einer bereits vorhandenen Vitrine aufgestellt werden sollte, hatte eine Grundfläche von 0,90 × 0,45 m. Bei dem vorgegebenen Geländeausschnitt handelte es sich um einen Streckenabschnitt, der mit einer Neigung von etwa 8% zunächst über einen kleinen, gemauerten Viadukt führt und von dort auf 16% ansteigend in einer leichten Kurve an einem Bauernhaus und einer Trafostation vorbeizieht. Anfang und Ende dieses Streckenabschnittes mußte ich durch Bäume und dichtes Buschwerk so geschickt tarnen, daß Stillstand und Aufenthalt des im Pendelverkehr betriebenen Zügchens vom Betrachterstandpunkt aus nicht eingesehen werden konnten. Auf diese Weise wurde beim Blick in die Vitrine die ununterbrochene Zugfahrt über den gesamten Geländeausschnitt hinweg vorgetäuscht.
Wie bei allen meinen Anlagen entstand auch bei diesem kleinen Modell die Geländetopografie auf einem soliden Spantengerüst, das ich mit Aluminiumgewebe überformte. Die Geländeoberfläche und die blankliegenden Kalkschieferfelsen modellierte ich dann darauf aufbauend aus Alabastergips. Die aus Sperrholz hergestellte Bogenbrücke erhielt eine Verkleidung aus Heki-dur-Modellbauplatten, deren Oberflächenstruktur ich durch stellenweises Aufträufeln von Holzleim und zusätzliches Besanden mit Feinsand so veränderte, daß sie dem Mauerwerk des Vorbildes weitgehend entsprach.
Besondere Aufmerksamkeit erforderte das Verlegen der H0m-Schmalspurgleise und die Montage der Zahnstange, wobei ich vor allem die Ausrundung am Übergang vom kleineren zum größeren Neigungswinkel millimetergenau ausbilden mußte, um sicher zu sein, daß einerseits der Zahnradeingriff allerorts gewährleistet war, andererseits aber dabei nicht gleichzeitig das Fahrwerk der Lokomotive hochgehoben wurde, wodurch der elektrische Schienenkontakt unterbrochen worden wäre. Die Korkbettunterlage erwies sich auch in diesem Fall als besonders hilfreich, da sie durch Bearbeiten mit Flintpapier geringfügige Korrekturen an der Gleisauflage ermöglichte, bei der es wirklich um eine Genauigkeit von Millimeterbruchteilen ging.
Zur Steuerung des Pendelstreckenbetriebs, der auf Knopfdruck von außerhalb der Vitrine ein- und ausgeschaltet werden konnte, wählte ich die von mir mitentwickelte Heki-Wendezugschaltung, bestehend aus zwei Super-Aufenthaltsschaltern, zwei Fahrstromrelais und einem Umschaltrelais zur Fahrstromumpolung in Verbindung mit einem sehr fein regulierbaren Gleichstromfahrgerät mit zusätzlichem Wechselstromausgang von Titan.
Da die kleine Lokomotive vom Typ Z 3 nach einem Vorbild aus dem Jahre 1893 mit Glockenankermotor ausgestattet war, konnte die vollautomatisch gesteuerte Zugfahrt auf vorbildgerecht langsame Geschwindigkeit eingestellt werden. Es war wirklich eine Freude, den nicht alltäglichen Anblick des in der Vitrine auf dem Schafbergmodell hin- und herpendelnden, historischen Zügchens zu genießen. Doch selbst diese durch eine Glasscheibe weitgehend staubgeschützte Zweileiter-Bahn bedurfte zur Aufrechterhaltung dieses ungetrübten Genusses der im üblichen Turnus durchzuführenden Reinigungs- und Wartungsarbeiten.

Abbildung oben:
Anlagenausschnitt mit Bachbrücke

Abbildung Seite 57:
Anlagenausschnitt mit der Strecke zwischen Bachbrücke und Trafohäuschen.

Messemodell mit Variante:

H0-Modellbahnanlage in drei Ebenen für Automatikbetrieb

Den Auftrag zu dieser sechs Meter langen Messeanlage erhielt ich von der Firma Heki. Die Ausführung erfolgte gleich in zwei Varianten, eine ohne die Faller-Car-System-Autostraße als Ausstellungsanlage für die Internationale Spielwarenmesse 1991 in Nürnberg, die andere mit integriertem Faller-Car-System. Letztere war als Schauanlage für das Foyer in einem Ferienhotel bestimmt. Beide gemeinsam waren jedoch für den vollautomatischen Ausstellungsbetrieb konzipiert und boten keinerlei Spielmöglichkeiten. Statt dessen war bei beiden ein möglichst störungsfreier Fahrbetrieb gefordert, da an den Einsatzorten eine ständige Aufsicht nicht vorgesehen war. Bei der für die Firma Heki bestimmten Messeanlage ging es in erster Linie darum, eine neuentwickelte elektrische

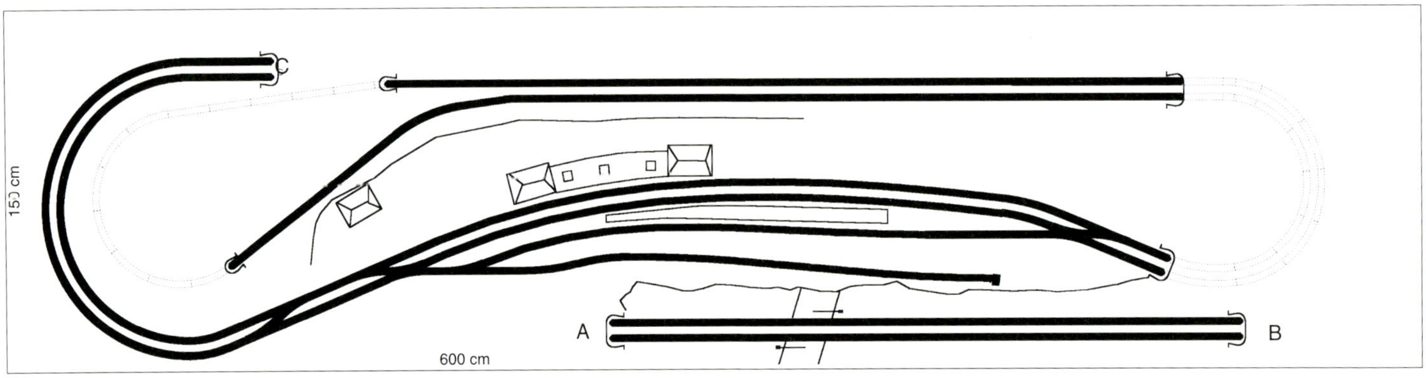

Gleisplan zu den Strecken in den oberen Ebenen. Grundmaße: 600 × 150 cm

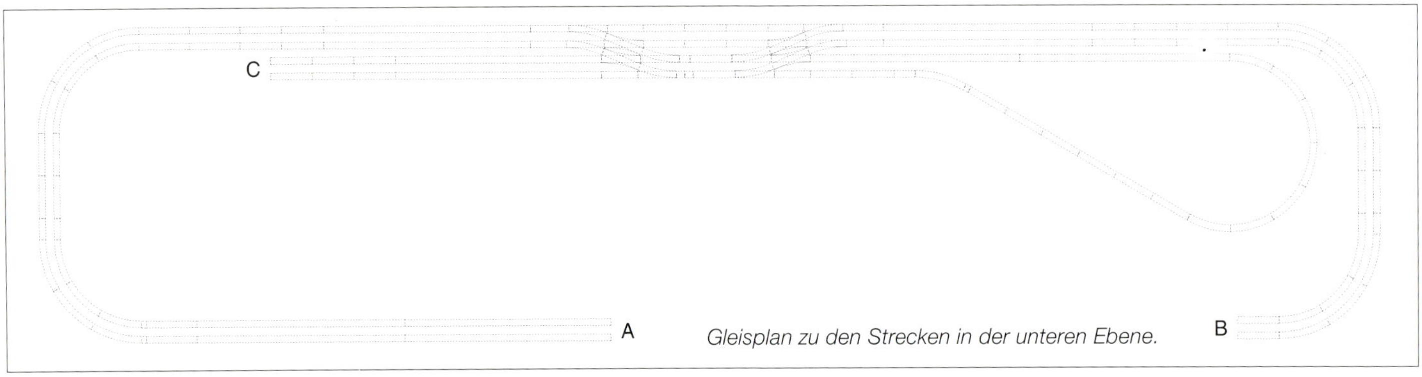

Gleisplan zu den Strecken in der unteren Ebene.

Bahnhofssteuerung noch während der Ausbauphase zu testen und letztlich auch während des späteren Ausstellungsbetriebs dem Fachpublikum möglichst effektvoll vorzustellen. Ein vollautomatisch gesteuerter Fahrbetrieb mit mindestens sechs Zügen auf der relativ kleinen Anlage und über drei Ebenen hinweg schien mir hierfür das Richtige. Unbedingte Voraussetzung für einen störungsfreien Betrieb war jedoch ein ununterbrochener, sicherer elektrischer Schienenkontakt der auf der Anlage verkehrenden Triebfahrzeuge, da die vorzustellenden elektronischen Steuergeräte ihre Informationen über die Gleisbesetztmelder bezogen. Bei Ausfall nur einer Gleisbesetztmeldung, etwa durch kurze Unterbrechung des Schienenkontaktes, wäre die ganze Automatik durcheinander geraten. Deshalb wählte ich zum Bau der Heki-Messeanlage die besonders kontaktsicheren Mittelleiter-Punktkontaktgleise in Verbindung mit dem Wechselstromfahrbetrieb.
Was die Planung anbetrifft, wählte ich für beide Anlagen die gleichen Streckenverbindungen und im Prinzip auch weitgehend identische Gleisfiguren mit nur geringfügigen Abweichungen in den Streckenführungen und in der Geländegestaltung.
Sieht man einmal davon ab, daß die zweite Anlage um einen knappen Meter länger ist, handelt es sich bei der doppelgleisigen Ringstrecke in der unteren Ebene mit den beiden doppelten Gleisverbindungen, mit Wendeschleife und weiterführendem, zweigleisigem Anschluß in die oberen Ebenen um identische Gleisbilder. Dennoch sind die in der unteren Ebene verdeckt verlegten Strecken jede für sich im Schema dargestellt. Auch die Pläne zu den innerhalb der sichtbaren Bereiche verlegten Strecken zu jeder Anlage sind einzeln und im korrekten Maßstabsverhältnis wiedergegeben.

Das damals neu zu erprobende Schaltgerät wurde bei beiden Anlagen zur Steuerung der Weichen und Haltebereiche der Gleisverbindungen in der unteren Ebene eingesetzt. Es wurde so programmiert, daß die im Rechtsverkehr auf der doppelgleisigen Ringstrecke von links auf die Verzweigung zufahrenden Züge automatisch in die Wendeschleife fuhren, sobald diese als frei gemeldet wurde. Die von rechts ankommenden Züge hingegen wurden direkt auf die Bergstrecke geleitet, wenn dort der erste Streckenblock hinter der Weiche nicht belegt war. Die vorwiegend im Sichtbereich der Anlage verlegte Trasse der Bergstrecke war allerdings nur scheinbar zweigleisig, denn an ihrem Ende in der dritten Ebene mündete sie in eine im Gebirge verdeckt verlegte Wendeschleife, sozusagen als Gegenstück zur Kehre in der unteren Ebene. Im Prinzip war also die Bergstrecke nichts anderes als eine gequetschte, eingleisige Ringstrecke in Form des klassischen „Hundeknochens“. Unter dieser Bezeichnung ist diese oft in

Abbildung oben:
Gebirgsdetail mit Tunnelportal und Burgruine.

Abbildung Seite 58:
Ein Schotterzug fährt in den Bahnhof ein.

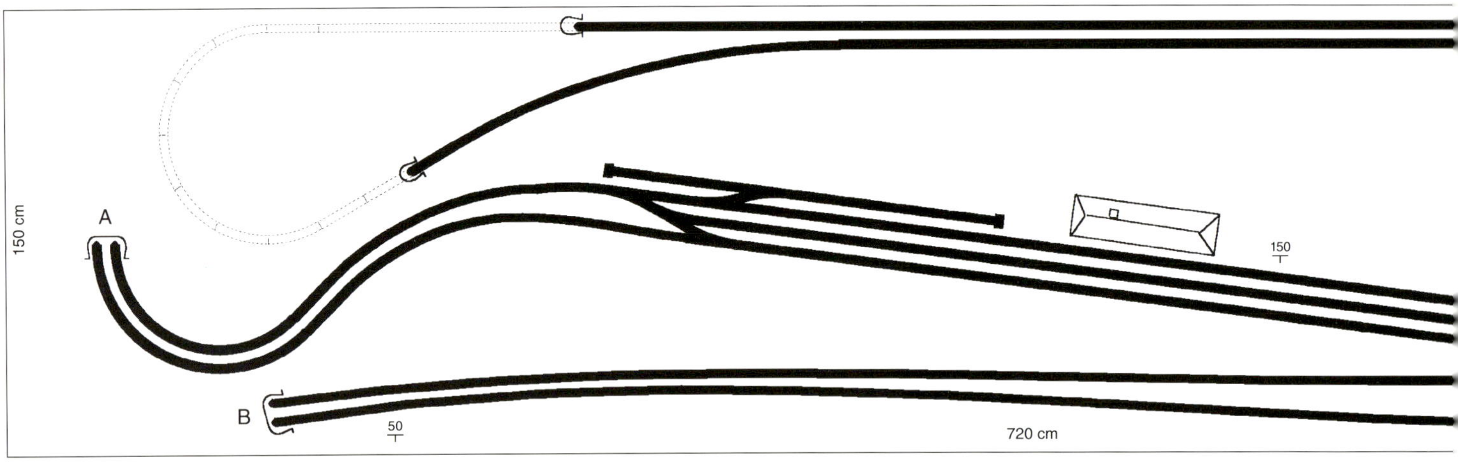

Variante: Gleisplan zu den Strecken in den oberen Ebenen. Maße: 720 × 150 cm

Gleisplan zu den Strecken in der unteren Ebene

der Praxis angewandte Gleisfigur in die Fachsprache des Modelleisenbahners eingegangen.

Die also nur vorgetäuschte zweigleisige Magistrale, die in Wirklichkeit nur eine in sich geschlossene Ringstrecke war, bestimmte auch die ausgeklügelte Schaltfolge der damals von Heki neuentwickelten elektronischen Bahnhofsteuerung, die nicht nur selbsttätig die Zugfolgen, Weichen und Signale innerhalb der angeschlossenen Gleise und Streckenabschnitte kontrollierte, sondern gleichzeitig auch in Verbindung mit programmierbaren Aufenthaltszeiten Züge selektieren konnte. Solche Aufenthalte und Überholvorgänge konnten in dem in der mittleren Ebene vorhandenen, dreigleisigen Durchgangsbahnhof in geradezu idealer Weise demonstriert werden. Da die Signalhaltebereiche in den drei Hauptgleisen dieses Bahnhofs mit Anfahr- und Bremseinrichtungen ausgestattet waren, konnten allerdings auf beiden Anlagen nur Züge mit Maximallängen bis zu 1,85 m in diesen automatisch geregelten Überholverkehr miteinbezogen werden,

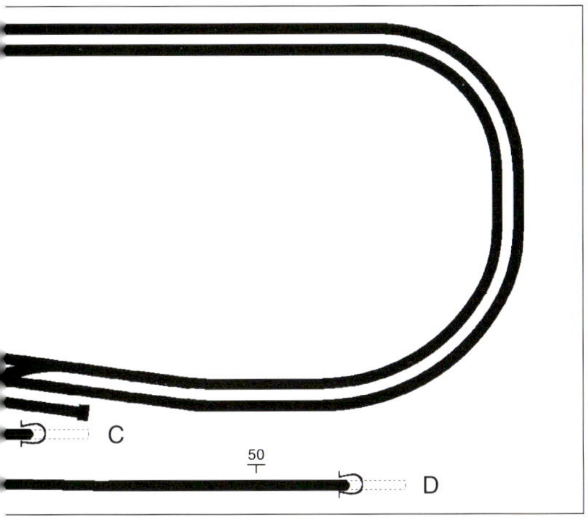

was in der Regel einer Schnellzuggarnitur mit fünf Reisezugwagen entspricht. Bei der kleineren Heki-Messenanlage kreuzte in der unteren Ebene eine aus dem Berg tretende Straße die zweigleisige Eisenbahntrasse, gesichert durch einen elektronisch gesteuerten Bahnübergang System Brawa, der auch sehr gut funktionierte. Die verhältnismäßig häufige Zugfolge der in zwei Richtungen befahrenen Strecke bewirkte jedoch, daß die Schrankenbäume nahezu ununterbrochen in Bewegung waren. Dieser keineswegs erwünschte Nebeneffekt führte schließlich zur Abschaltung; die Schranken wurden in geschlossenem Zustand arretiert. Dieses Beispiel steht stellvertretend für ähnliche Situationen auf anderen Anlagen. Selbst bei doppelt oder dreifach längeren Strecken ist der unnatürliche Nebeneffekt der sich ständig öffnenden und schließenden Schranken mit der Zeit derart lästig, daß sich der mitunter recht erhebliche Schaltungsaufwand für die Automatik nicht lohnt. So argumentiert, sind die permanent geschlossenen Schranken das kleinere Übel und auch auf anspruchsvoller gestalteten Anlagen durchaus akzeptabel.

Wie auf den Abbildungen zu sehen ist, wählte ich für die Heki-Anlage ein Hochgebirgsmotiv mit ländlichem Bahnhof. Der Aufbau erfolgte in meiner bewährten Spantenbauweise. Der Zugänglichkeit zu den umfangreichen verdeckt verlegten Gleisen wegen, wäre eine andere Bauweise kaum möglich gewesen. Die Berge modellierte ich jedoch diesmal nicht aus Gips, sondern unter Verwendung einer Modelliermasse aus Zellstoff, die erst unter Zugabe von Tapetenkleister verarbeitbar wurde. Solche Zellstoff-Modelliermassen werden vor allem in der Theatermalerei verwendet und sind im Handel nicht frei erhältlich. Sie sind leichter verarbeitbar und bringen außerdem auch erheblich weniger Gewicht auf die Anlage. Als Nachteile im Vergleich mit Alabastergips sind aber die geringere Eigenfestigkeit und ein gewisser Materialschwund während des Trocknungsprozesses zu werten. Wer nicht von seinem Beruf her im Umgang mit solchen Werkstoffen vertraut ist, dem rate ich eher zur Verwendung von Modellgips, Alabastergips oder den gipshaltigen Kunststoff-

Abbildung oben:
Bahnhof mit dem Gebirge im linken Anlagenteil im Hintergrund.

Abbildung Seite 60:
Blick auf die Bahnhofsausfahrt mit wartendem TEE-Triebwagenzug.

modelliermassen, wie sie heute nahezu alle namhaften Zubehörhersteller anbieten.
Auch die zweite, etwas längere Anlage, von der leider keine Aufnahmen existieren, habe ich in ähnlicher Weise gestaltet. Im Gegensatz zur ersten wurde hier eine Autostraße integriert, auf der nach dem Prinzip des Faller-Car-Systems kleine, batteriebetriebene und mit Lenkmagneten ausgestattete Autos, einem in der Fahrbahntrasse eingelassenen Leitdraht folgend, verkehren konnten. Leider war damals die Entwicklung der Fahrzeuge noch nicht so weit fortgeschritten, als daß man weitere Steuerungsmöglichkeiten hätte nutzen können.
Daher mußte ich mich bei der Planung auf ein einfaches, zweispurig ausgelegtes Straßenoval beschränken, auf dem lediglich zwei Autos im Gegenverkehr fahren konnten, solange die Batteriekapazität – etwa 4 Stunden – reichte. Dieser Mangel fiel jedoch bei der Kürze des aus dem Berg tretenden Straßenabschnittes kaum auf, und die beiden immer wieder auftauchenden Fahrzeuge waren für die Gäste des Hauses doch eine willkommene Bereicherung des Anlagenbetriebs.

Wie bereits erwähnt, handelt es sich bei diesen in den Plänen vorgestellten Werken um reine Ausstellungsanlagen ohne jeglichen Spielwert. Dessenungeachtet sind auf der Grundlage dieser Entwürfe beträchtliche Erweiterungen möglich, beispielsweise durch einen Gleisanschluß zu einem Kieswerk oder einer kleinen Fabrik. Denkbar wäre aber auch, den Platz hinter dem Bahnhof für die Talstation einer ins Gebirge hinaufziehenden Seilschwebebahn (Brawa) zu nutzen. Überdies könnte man an Stelle der Vollautomatik die Anlagen auch über ein Gleisbildstellwerk halbautomatisch steuern.
Auf diese Weise ergäben sich zahlreiche Möglichkeiten, auf der Gundlage der ursprünglichen Entwürfe brauchbare Pläne für Privatanlagen mit hohem Spielwert zu entwickeln.

Abbildung oben:
Die schöne Burgruine aus der Vogelperspektive mit alten Ahornbäumen in der Herbstfärbung.

Schauanlage für die Modellbahnausstellung 1992 in Köln:

Voll- und Meterspur in einem Bahnhof

Von der Firma Heki erhielt ich auch den Auftrag zu dieser dreieinhalb Quadratmeter großen Anlage im Nachbildungsmaßstab 1:87, die als Schaustück für die Internationale Modellbahnausstellung 1992 in Köln eingeplant war. Gleichzeitig sollten auf dieser Anlage Langzeitversuche mit den damals weiterentwickelten Anfahr- und Bremsmodulen durchgeführt werden. Die neue Generation dieser Geräte konnte im Gegensatz zu früher auch uneingeschränkt in Verbindung mit digitalem Fahrbetrieb eingesetzt werden. Und letztlich ging es auch darum, auf diesem Schaustück neu entwickelte, besonders preiswerte Modellfichten effektvoll zu präsentieren.

Ich entschied mich für eine romantische Gebirgslandschaft mit zwei Bahnen in verschiedenen Spuren; eine Vollspurbahn in der Nenngröße H0 (Spurweite 16 mm) in der unteren Ebene und eine Schmalspurbahn in der Nenngröße H0 m (Spurweite 12 mm), die sich in eleganten Bögen zu der auf dem Berg gelegenen Station hochwindet. Den Bahnhof im Tal konzipierte ich zur gemeinsamen Nutzung für beide Bahnen, eine Konstellation, wie man sie gelegentlich auch beim Vorbild vorfindet und die in der Fachsprache des Eisenbahners als „Anschlußbahnhof" bezeichnet wird.
Die Vollspurbahn in der unteren Ebene plante ich mit den damals erst vor kurzem am Markt erschienenen Roco-Line-Zweileiter-Gleisen als eingleisige Ringstrecke mit zweigleisigem Schattenbahnhof im Inneren des Gebirges und zwei Durchgangsgleisen innerhalb des gemeinsam genutzten Bahnhofsareals im vorderen, sichtbaren Anlagenbereich. Auf diesem in sich geschlossenen Gleisoval sah ich vollautomatisch gesteuerten Gleichstromfahrbetrieb mit handelsüblichen Serienfahrzeugen vor. Zwei kurze Nebenstreckenzüge im Stil der dreißiger Jahre sollten, jeweils im Schattenbahnhof wechselnd, in zwei verschiedenen Richtungen verkehren, wobei ich

Abbildung oben:
Die Anlage aus der Vogelperspektive mit Blick auf den fünfgleisigen Anschlußbahnhof und die Endstation der Bergstrecke.

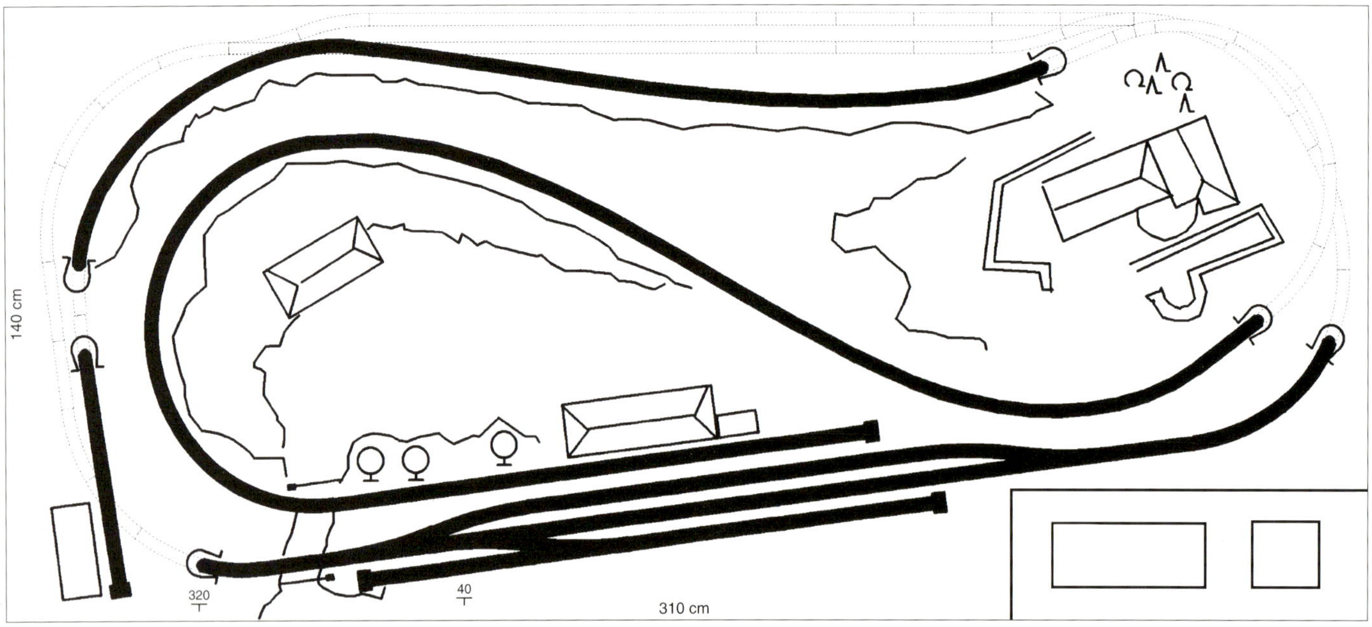

für den historischen Personenzug mit vorgespanntem Glaskasten einen Halt im vorderen Bahnhof einplante, um das Anfahr- und Bremsverhalten des Zügchens in Verbindung mit den neuen Steuergeräten demonstrieren zu können. Mit einiger Verzögerung sollte anschließend der im Schattenbahnhof wartende Güterzug den vorderen Bahnhof aus der Gegenrichtung kommend durchfahren, um danach wieder auf sein im Untergrund verborgenes Stammgleis zurückzukehren.

Auf der an beiden Enden offenen Schmalspurstrecke hatte ich lediglich den Einsatz eines Wismar-Schienenomnibusses der DR-Baureihe VT 133 im Pendelbetrieb vorgesehen. Allerdings beabsichtigte ich, speziell in Verbindung mit diesem attraktiven Oldtimerfahrzeug, die Anfahr- und Bremswirkung der neuen Module besonders eindrucksvoll praktisch vorführen zu können. Deshalb ließ ich bei einem der beiden für diesen Zweck aus dem Bemo-Sortiment besorgten Fahrzeuge den serienmäßig eingebauten Fünfpolmotor gegen einen Präzisions-Glockenankermotor von Faulhaber austauschen.

Es war eine wahre Freude, zu beobachten, wie dieses Fahrzeug vorbildtreu langsam startete, dann wie ein Luftkissenboot völlig ruckfrei den Berg hinaufglitt und oben in der Station in Zeitlupenmanier wieder abbremste. Stehen blieb das „Schweineschnäuzchen“, wie man den Wismar-Schienenbus auch scherzhaft nannte, allerdings nicht dort, wo er sollte. Nein, sachte und mit letzter Kraft schlich er am Bahnsteig vorbei, bis seine Fahrt letztendlich am Prellbock endete.

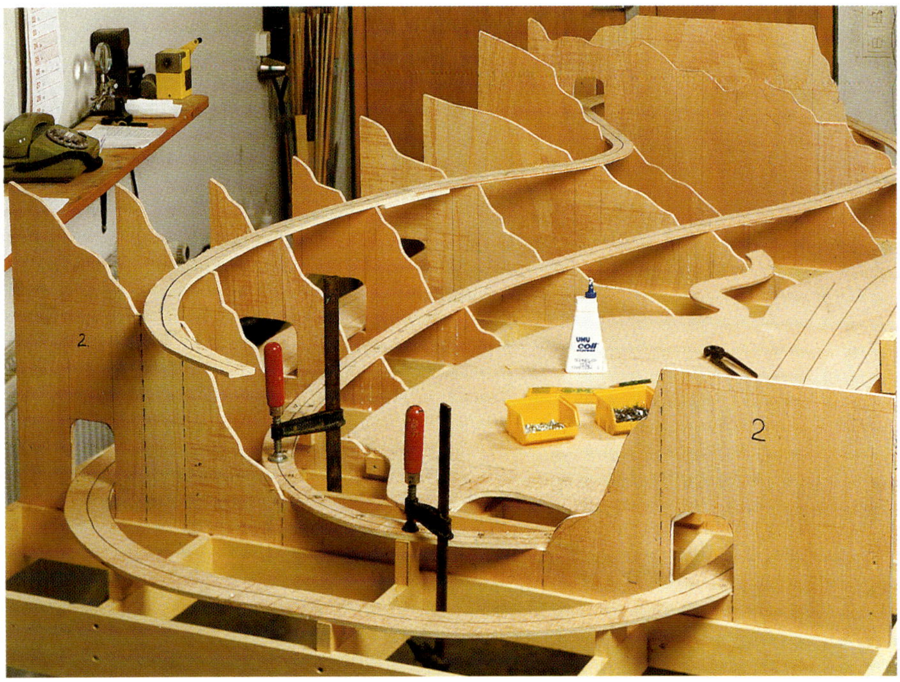

Skizze oben:
Der komplette Anlagenplan in den Grundmaßen 310 × 140 cm.

Abbildung links:
Die hier beschriebene Anlage im Rohbau.

Abbildung Seite 65:
Blick auf den Anschlußbahnhof mit historischen Fahrzeugmodellen der frühen dreißiger Jahre.

Zum Biergarten
Gasthaus zur Eisenbahn
Güglingen
H

Die Tour abwärts verlief nicht anders. Und alle Manipulationen an den sehr fein justierbaren Steuergeräten konnten auch nicht helfen, den Oldtimer in seinem Drang zum Prellbock zu bändigen. Erst als wir das nichtpräparierte Fahrzeug mit dem Serienmotor einsetzten, funktionierte die Sache ebenso problemlos wie bei den Serienfahrzeugen auf der Vollspurbahn.
Des Rätsels Lösung: Die neuen, auch für digitalen Fahrbetrieb nutzbaren Anfahr- und Bremsmodule verfügten auch bei stromlos geschaltetem Abschnitt über einen geringen Stromdurchgang von etwa 0,5 Volt, so wie er bei digitalem Fahrbetrieb notwendig ist, um die digitalen Informationen an die Fahrzeugdecoder auch bei abgeschaltetem Fahrstrom aufrecht zu erhalten.
Diese geringe Spannung, auf die übliche Fünfpolmotoren nicht reagieren, reicht jedoch aus, um einen Glockenankermotor zu bewegen. Aufgrund dieser Praxiserfahrung erhielten die neuen Anfahr- und Bremsmodule eine Vorrichtung, die nach dem Durchtrennen einer aus dem Korpus herausragenden Drahtschleife den Stromdurchgang völlig unterbindet und das Gerät auch für den konventionellen Fahrbetrieb mit Glockenankermotoren wieder nutzbar machte.

Im vorderen rechten Teil der Anlage wurde ein Gleisbildstellwerk installiert, an dessen Stelltisch die Besucher die Zugläufe, Signal- und Weichenstellungen optisch verfolgen konnten. Handeingriffe in die automatische Steuerung durch Betätigen der Taster waren jedoch dem Publikum durch eine Plexiglashaube verwehrt.
Allerdings gab es kurz vor dem Einsatz in Köln noch eine zweite Überraschung. Der kleine Oldtimer-Personenzug von Roco brachte die ganze Automatik durcheinander, indem er am Haltesignal zunächst abbremste, dann aber mit Volldampf daran vorbeifuhr. Mit anderen Wagen hingegen funktionierte alles wie geplant. Ich mußte mir die kleinen zweiachsigen Roco-Wägelchen erst sehr genau ansehen, bis ich die Störungsursache herausfand: Es war ein Messingband, das im Inneren, offenbar der besseren Innenbeleuchtungskontakte wegen, die beiden Metallachsen der stromaufnehmenden Räder miteinander verband und zu unserem Ärgernis auch die elektrischen Schienentrennungen an den Anfahr-und Haltebereichen überbrückte. Nachdem wir diese Metallstreifen entfernt hatten, drehte auch dieser Zug wie vorgesehen seine Runden.

Hinweis: Bei Gleichstromfahrbetrieb können Reisezugwagen mit Innenbeleuchtung die Schienentrennstellen an den Signalhaltebereichen überbrücken und auf diese Weise zu Fahrbetriebsstörungen führen. Gleiches gilt auch für einige Modellbahnwagen, deren Drehgestelle aus Metall gefertigt sind. Bei Wechselstromfahrbetrieb sind es hingegen Triebfahrzeuge, die mit zwei Schleifkontakten ausgestattet sind, die die Trennstellen im Mittelleiter überbrücken. Die aufgrund dieser Erfahrungen jüngst unter meiner Mitwirkung entwickelten Heki-Universalmodule 9156 und 9157 zur Steuerung von Blockstrecken, sowie von Anfahr- und Bremsbereichen im Bahnhofsbetrieb, verfügen über spezielle Schaltungen, die Betriebsstörungen durch trennstellenüberbrückende Fahrzeuge ausschließen. Mit diesen Geräten ist außerdem auch Wendezugbetrieb und Zugbetrieb mit Doppeltraktion oder mit einer Schiebelok am Zugschluß möglich.

Das Gelände und insbesondere die Gebirgsformen modellierte ich mit Alabastergips auf Alugewebe und der Basis eines Spantenskeletts. Lediglich das Areal des Anschlußbahnhofs mit Trassen, Bahnsteigen und Empfangsgebäude in der unteren Ebene setzte ich auf eine 8 mm starke, direkt auf den Leistengitterrahmen aus Abachi-Holz verleimte Sperrholzplatte.
Wie bereits erwähnt, galt meine besondere Aufmerksamkeit den neu entwickelten Modelltannen, die ich zu größeren Gruppen ziemlich dicht zusammensteckte, um auf diese Weise die Gestaltung zusammenhängender Waldflächen zu demonstrieren. Eine Besonderheit sind ferner die in Sichtbeton-Imitation ausgeführten Stützmauern, die ich unter Verwendung von Alabastergips mit einer breiten Japanspachtel ziehend formte und mit grau getönter Dispersionsfarbe lasierte.
Ein Gestaltungsproblem stellte allerdings die hohe Anzahl an Tunneleingängen auf der doch relativ kleinen Anlage dar. Eine annehmbare Lösung fand ich, indem ich, wie in den Abbildungen zu sehen, mehrere Portale architektonisch zu einem Bauwerk vereinigte. Auch der

Abbildung oben:
Blick auf den rechten Anlagenteil mit der Burgruine. Auf der Schmalspurstrecke im Vordergrund fährt ein Modell des Wismarer Schienenbusses.

Abbildung Seite 66:
Blick auf die rechte Anlagenseite mit Anschlußbahnhof und der Burgruine im Hintergrund.

in der oberen Ebene unmittelbar vor der Einfahrt zur Bergstation lediglich aus dem Fels gesprengte Kurztunnel ohne vorgesetzte Portale bringt eine willkommene Abwechslung ins Bild. Und die Anhöhe im rechten Anlagenteil schmückt eine stattliche Burgruine, die ich, ebenso wie die Tunnelportale, aus Sperrholz herstellte und mit Heki-dur-Modellbauplatten verkleidete.
Die doch recht gefällig gestaltete Anlage fand während ihrer ersten Ausstellung in Köln große Beachtung. Allerdings konnten die Besucher nur einen Tag lang die eleganten Bergfahrten des mit dem Glockenankermotor ausgestatteten Wismar-Schienenbusses bewundern; er wurde am Morgen des zweiten Messetages entwendet und mußte durch ein Modell mit Serienmotor ersetzt werden. Nachdem Heki die Anlage mehrere Jahre für Werbezwecke genutzt hatte, wurde sie zum Verkauf ausgeschrieben, doch keiner der zahlreichen Interessenten konnte sie gebrauchen. Der Grund: Das ausnahmsweise einmal unteilbar hergestellte Modell paßte bei keinem der Bewerber durch die zum vorgesehenen Standort führenden Durchgänge oder Fensteröffnungen. Dieses Beispiel zeigt, wie wichtig es ist, eine Anlage so zu konzipieren, daß die Segmente im Fall eines Besitzerwechsels durch die üblichen Mauerwerksöffnungen transportiert werden können. Von da ab hielt ich mich streng an dieses Gebot.

Abbildung oben:
Die untertunnelte Felsnase kurz vor der Einfahrt zur Bergstation.

Für die Zimmerecke konzipiert:

Kleine H0-Anlage für Nebenbahnbetrieb

Ein Privatmann bestellte diese H0-Anlage. Als Standort war ein kleiner Freizeitraum vorgesehen, der nur über eine genormte Zimmertür zugänglich war. Knapp sechs Quadratmeter Stellfläche inmitten von Pflanzen und Bücherregalen standen zur Verfügung. Um mit dem fertigen Modell dorthin zu gelangen, mußte es zum Transport in zwei Teile zerlegt werden können.

Abbildung oben:
Die hier beschriebene HO-Anlage aus der Vogelperspektive. Im Vordergrund erkennt man den dreigleisigen Durchgangsbahnhof. In der Senke dahinter liegt die Halle mit dem Turbinenkraftwerk.

Im Hinblick auf die Gestaltung ließ mir der Auftraggeber aber weitgehend freie Hand. Gefordert war lediglich eine H0-Vollspurbahn, Gleichstromfahrbetrieb und die Verwendung von Zweileiter-Gleisen der Marke Roco-Line.
Wie ich aus den Gesprächen mit dem Kunden heraushören konnte, war die Anlage mehr als dekoratives Element in dem behaglich eingerichteten Raum gedacht. Ein gut funktionierender Automatikbetrieb mit zwei sich begegnenden Zügen in einer romantisch gestalteten Landschaft im Stil der frühen dreißiger Jahre erschien mir das richtige Konzept zu sein. Auf der zur Verfügung stehenden Grundfläche kam ohnehin nur ein Nebenbahnmotiv in Frage. Ich schlug deshalb die hier im Plan gezeigte Lösung vor, die auch akzeptiert wurde: Eine eingleisige Ringstrecke nach dem Hundeknochenprinzip, wobei ich die rückführende Schleife, den Betrachterblicken entzogen, in die untere Ebene verlegte.
In dem im Zentrum gelegenen Durchgangsbahnhof bestand die erforderliche Ausweichmöglichkeit zur Durchführung des vollautomatisch gesteuerten Verkehrs mit zwei Zügen und in beiden Richtungen. Zwei Ladegleise und ein Abstellgleis sowie ein Anschlußgleis zu der in der Zwischenebene gelegenen Trafostation boten außerdem auch Gelegenheiten zum Rangieren oder zum Abstellen von weiteren Fahrzeugen.
In der weit gezogenen, um die Senke im linken Anlagenteil herumführenden Schleife sowie in der sich anschließenden Geraden im vorderen Anlagenteil war ferner auch eine einigermaßen realistisch wirkende Fahstrecke für die kleinen Zuggarnituren vorhanden.
Das gewählte Thema war also ein betont ländlicher Bahnhof des gemischten Dienstes in einem leicht hügeligen Gelände. Aufgrund der durch die Türöffnung vorgegebenen Maße reichte die verfügbare

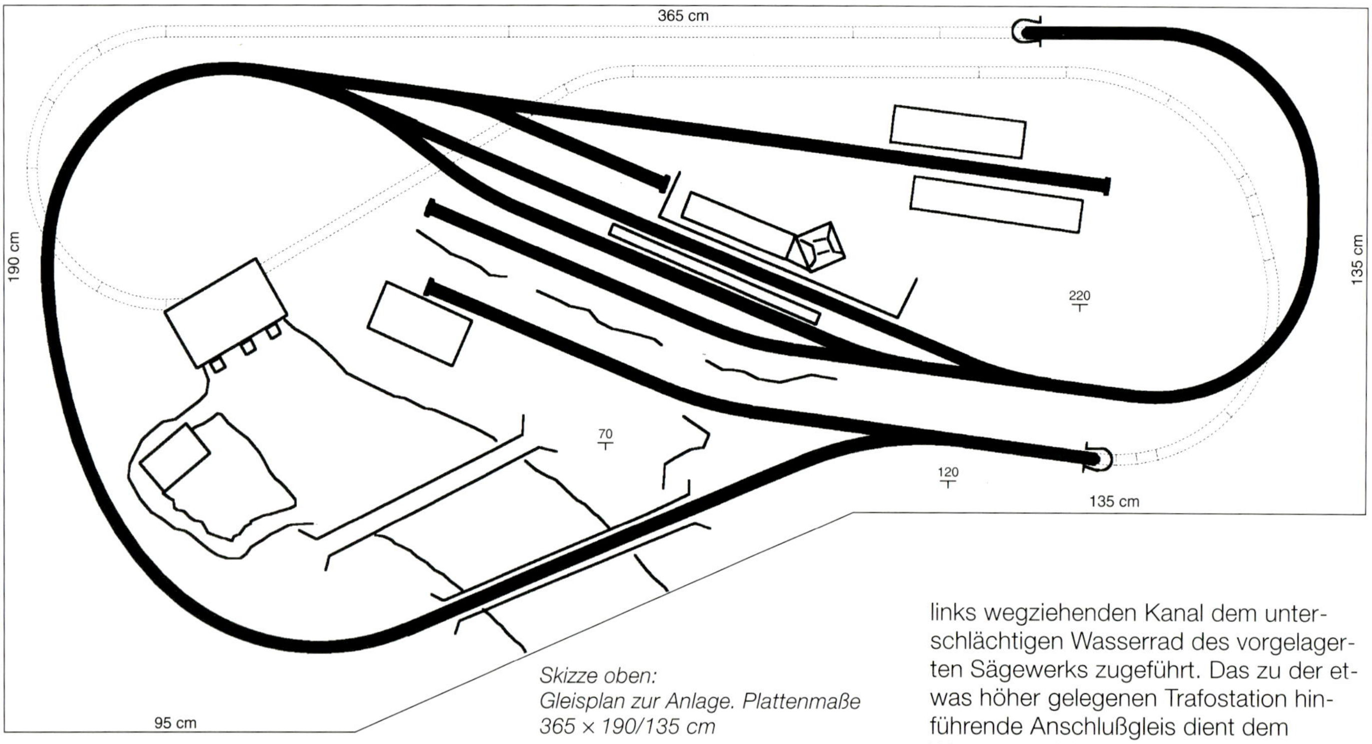

Skizze oben:
Gleisplan zur Anlage. Plattenmaße 365 × 190/135 cm

Höhe nicht für ein größeres Gebirge. Das in der Senke etablierte, kleine Wasserkraftwerk lehnt sich an ein Vorbild an, dessen Turbinen über Druckröhren mit Wasser aus einem höher und weiter entfernt gelegenen Staubecken angetrieben werden. Deshalb ist in den Aufnahmen kein Stausee zu erkennen. Die unter dem Turbinenhaus austretenden Wassermassen fließen über den unter der Bahntrasse hindurchführenden Bach ab. Ein kleiner Teil wird jedoch über einen links wegziehenden Kanal dem unterschlächtigen Wasserrad des vorgelagerten Sägewerks zugeführt. Das zu der etwas höher gelegenen Trafostation hinführende Anschlußgleis dient dem Warenumschlag zu dem wohl als Lagerhalle genutzten Gebäude einer ehemaligen Fabrik.

Bei der alten Steinbogenbrücke im Vordergrund der Anlage – sowie bei den beiden in den Abbildungen nicht gezeigten Tunnelportalen – handelte es sich um solide Holzkonstruktionen, die ich mit Heki-dur-Modellbauplatten verkleidete und deren Oberflächen ich anschließend mit Dispersionsfarben lasierend bearbeitete. Die Geländegestaltung erfolgte mit synthetischer Grasfaser und Modellbäumen aus dem Heki-Meisterprogramm. Für die Gewässergestaltung verwendete ich Uhu-Gießharz und die Wasserschwälle an den Turbinenaustrittsrohren modellierte ich mit Uhu-plus-Zweikomponentenkleber auf, den ich zuvor unter Zugabe von Uhu-Alleskleber etwas verdickt hatte. Da der Kunde eine spätere Erweiterung der Anlage vorhatte, wurden die Gleise lediglich auf die vorgeschotterten Korkbettungen verlegt und nicht, wie sonst üblich, schwellenoberkantenbündig eingeschottert.

Abbildung links:
Ansicht vom Bahnhof mit Güterzug.

Abbildung Seite 71:
Detail mit Mühle und Turbinenhaus.

Interessante Studienobjekte:
Dioramen, die in Werkseminaren entstanden

Um spezielle Fertigkeiten, die ich mir im Lauf der Jahre auf dem Gebiet der Modellbahngestaltung aneignen konnte, an interessierte Modellbauer weitergeben zu können, veranstaltete ich hin und wieder praktische Seminare in meinem Atelier, meist in Zusammenarbeit mit der örtlichen Volkshochschule. So fand sich eines Tages auch eine kleine Gruppe zusammen, deren Mitglieder sich speziell für die Gestaltung von Geländedetails nach dem Naturvorbild interessierten. Im Rahmen dieses einwöchigen Lehrgangs hatte jeder Teilnehmer die Gelegenheit, das Erlernte an einem eigenen Diorama in die Praxis umzusetzen.
Bei der Zuweisung der hierbei zu gestaltenden Motive ging es mir natürlich in erster Linie darum, daß möglichst viele Techniken zur Anwendung kamen. Eine Auswahl der schönsten Stücke ist in der Folge hier abgebildet und kurz beschrieben.

Es ergab sich zufällig in jenen Tagen, daß die Firma Faller den Vertrieb des von Uhu entwickelten Gießharzes für die Gewässergestaltung übernommen hatte. Das Produkt wurde ab sofort unter der Marke Faller-Gießmasse angeboten, und ich erhielt einige Gebinde in der neuen Aufmachung. So nutzte ich diese Gelegenheit, an einem der von den Lehrgangsteilnehmern herzustellenden Dioramen die Gewässergestaltung unter Verwendung dieser Gießmasse zu demonstrieren. Ferner sah ich den Einbau des Faller-Bausatzmodells eines wasserkraftbetriebenen Sägewerks mit unterschlächtigem Wasserrad vor.
So konnte ich den Teilnehmern praktisch vor Augen führen, an was man alles denken muß, wenn es darum geht, ein solches Motiv streng nach dem Naturvorbild fachgerecht in Szene zu setzen. Dieses Beispiel zeigt, daß ein unterschlächtiges Wasserrad nie direkt vom Bach, sondern stets über einen Kanal angetrieben wird, dessen Wassermassen durch kleine Stauwehre reguliert werden

Abbildung Seite 72:
Nachbildung eines Basaltgesteins mit Geröllfänger und Betonstützmauer.

Abbildung oben:
Nachbildung eines Kalkfelsens mit nostalgischem Güterzug der dreißiger Jahre.

können. Am gleichen Diorama versuchte sich der Schüler mit der Gestaltung eines Buntsandsteinfelsens.

An einem anderen Werkstück lehrte ich die Teilnehmer, wie man ein Basaltgestein nachbildet. Der Eigentümer verstand es ferner, die üblichen Vorrichtungen zur Bahnkörpersicherung mit Stützmauer aus Beton und Steinschlagwehren gut beobachtet ins Bild zu setzen. Einem nächsten gelang die Gestaltung eines Jurakalkgesteins und wieder ein anderer brachte ein Granitgestein zustande, das man im Foto von seinem natürlichen Vorbild kaum unterscheiden konnte. Sicherlich bedurfte es später seitens der Teilnehmer, ungeachtet dieser hervorragenden Ergebnisse, fortgesetzter Übungen, um die erlernten Techniken in der Praxis auf größeren Flächen umzusetzen. Doch viele haben es irgendwann geschafft. Und ich freue mich immer wieder darüber, wenn ich auf Messen und Ausstellungen Anlagen entdecke, in denen ich eindeutig die Handschrift dieser Künstler erkennen kann.

Abbildung oben:
Mit Heki-dur gestaltetes Jugendstilportal eines untertunnelten Granitfelsens in der Nenngröße H0. Bei den Modellen im Vordergrund handelt es sich um einen preußischen Personenzug nach dem Vorbild um 1900. Hinweis: Das Tunnelportal gestaltete Herr Markus Fischer, Zürich.

Abbildung oben:
Wasserkraftsägewerk mit unterschlächtigem Antriebsrad in vorbildgerecht gestaltetem Umfeld.

Abbildung links:
Einbringen des Gießharzes in den vorbereiteten Gewässergrund.

Während eines anderen Lehrganges gestaltete ich ein größeres Diorama, um daran den Aufbau eines Kalkschiefergebirges zu demonstrieren. Strenggenommen wurde mir das Schaustück von der Firma Faller in Auftrag gegeben, um gleichzeitig die Frage zu klären, ob die von Faller damals neu herausgebrachten Alpenhäuser nicht doch zu groß geraten waren. Es waren nämlich die ersten Gebäudebausätze der jüngsten Generation, die ohne jegliche Kompromisse exakt im Maßstab 1:87 ihren Originalen nachgebildet waren.

Das hier im Bild gezeigte Diorama diente also letztlich zur Beurteilung der Größenverhältnisse dieser Bausatzmodelle im Vergleich mit dem realistisch gestalteten Umfeld. Ich denke, daß sie den Test bestanden haben, denn danach wurde über dieses Thema nicht mehr diskutiert.

Alle nachfolgenden Modelle entstanden von da an weitgehend in diesem einheitlichen Nachbildungsmaßstab. In den hier gezeigten Abbildungen fällt die natürliche Wirkung dieser maßstabgetreuen Modelle, insbesondere in Verbindung mit den von jeher maßstabgetreu gefertigten Preiser-Figuren, auf. Allerdings ergaben sich später Probleme in meiner Praxis, wenn es darum ging, Städte- oder Landschaftsszenen im Nebeneinander mit Bausatzmodellen unterschiedlicher Herstellerserien zu gestalten. Nur zu oft war ich bei der Auswahl gezwungen, auf die deutlich erkennbar maßstäblich kleineren Gebäudemodelle früherer Generationen zu verzichten.

Abbildung oben:
Die Aufnahme zeigt das Diorama mit den Faller-Gebirgshäusern, das zur Beurteilung der Größenvergleiche diente.

Dies betraf jedoch keineswegs nur die Serien eines Herstellers, wenngleich die Umstellung nie plötzlich, sondern mehr fließend erfolgte und sich in einigen Fällen sogar über Jahre hinzog.

Abbildung Seite 77:
Die wasserkraftbetriebene Hammerschmiede mit oberschlächtigem Antriebsrad in vorbildgerecht gestaltetem Umfeld.

Ein kühnes Vorhaben:

H0-Großanlage für das Modellbahnzentrum in Pfarrkirchen

Nach dem Willen meiner Auftraggeber sollte im Industriegebiet des liebenswerten bayerischen Städtchens Pfarrkirchen ein Modellbahnzentrum mit einer großen H0-Schauanlage entstehen. Zunächst hielt ich die Idee für verrückt, denn wer will schon ein solches Risiko eingehen an einem Ort, der nur wenig Fremdenverkehr hat und weit abseits der klassischen Ferienrouten liegt? Doch die Idee, mit einer solchen Begegnungsstätte für Modellbahnfreunde den Fremdenverkehr in dem mehr durch den Pferdesport bekannten Rottal zu beleben, gefiel mir, und ich nahm die Einladung an, den vorgesehenen Standort zu besichtigen.
Bei meinem ersten Besuch fand ich im Industriegebiet von Pfarrkirchen jedoch nur eine grüne Wiese vor. Nur einige eingerammte Pfähle ließen die künftige Baustelle erahnen. Mehr erfuhr ich anschließend beim Studium der Baupläne. Geplant war ein großer, zweigeschossiger Gebäudekomplex mit einer Grundfläche von rund 600 m^2. Im oberen Stockwerk waren die Räumlichkeiten für das Modellbahnzentrum vorgesehen. Nach den Vorstellungen der Initiatoren war beabsichtigt, neben der großen Schauanlage in ständigem Wechsel auch kleinere Anlagen sowie Fahrzeugmodelle des internationalen Marktes auszustellen, um der Einrichtung zusätzliche Aktualität zu verleihen.
Darüber hinaus sollten in den Räumen Sonderveranstaltungen der Industrie, Vorträge und Modellbauseminare angeboten werden.

Nachdem ich die mir vorgelegten Pläne durchgesehen hatte, erschien mir sowohl die Lage als auch das Flächenangebot innerhalb des Bauwerkes für das Vorhaben geradezu ideal, zumal jetzt, vor Abschluß der Planungsphase, im Hinblick auf die Raumaufteilung noch alles offen war.
So, wie das Gebäude geplant war, wäre es nämlich ungeachtet des großzügigen Raumangebotes problematisch gewesen, einen geeigneten Standort für eine dreißig Meter lange Schauanlage zu finden, da nahezu alle Wände der in Frage kommenden Räume mit großflächigen Fensterreihen eingezeichnet waren. Direkt in die Ausstellungsräume einflutendes Sonnenlicht galt es aber unter allen Umständen zu verhindern, da es nicht

Abbildung oben:
Blick von der Anlagenrückseite auf das Gebirge mit Burgruine.

Abbildung Seite 78:
Die Anlagenecke von vorn mit Burgruine und ansteigendem Sandsteingebirge.

nur den Ausstellungsstücken geschadet, sondern auch denkbar ungünstige Beleuchtungsverhältnisse bewirkt hätte. Ununterbrochene Wandflächen waren außerdem zwingend, um den für die natürliche Farbwirkung erforderlichen Horizont im Hintergrund der Anlage darstellen zu können.
Da sich der Architekt jedoch bereiterklärte, die Fensterfronten im Hauptausstellungsraum durch nur wenig lichtdurchlässige Oberlichtbänder in einer Mindesthöhe von 1,80 m über dem Fußboden zu ersetzen, fand sich eine geradezu ideale Stellfläche für die Großanlage.

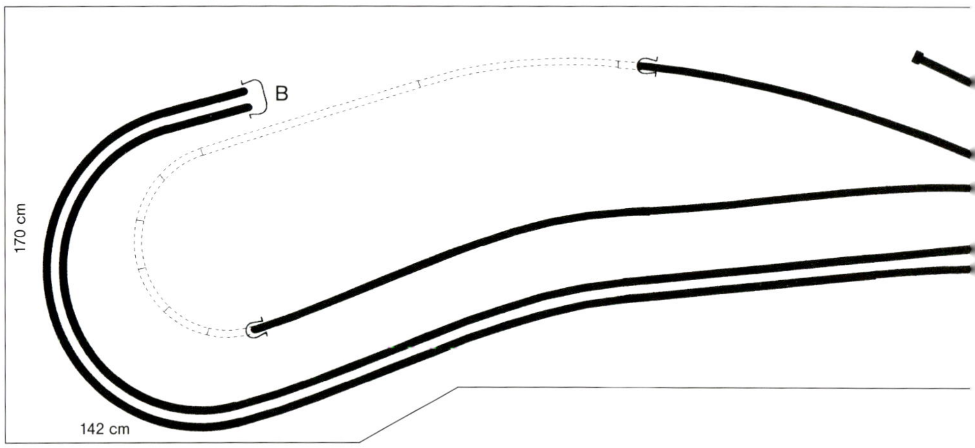

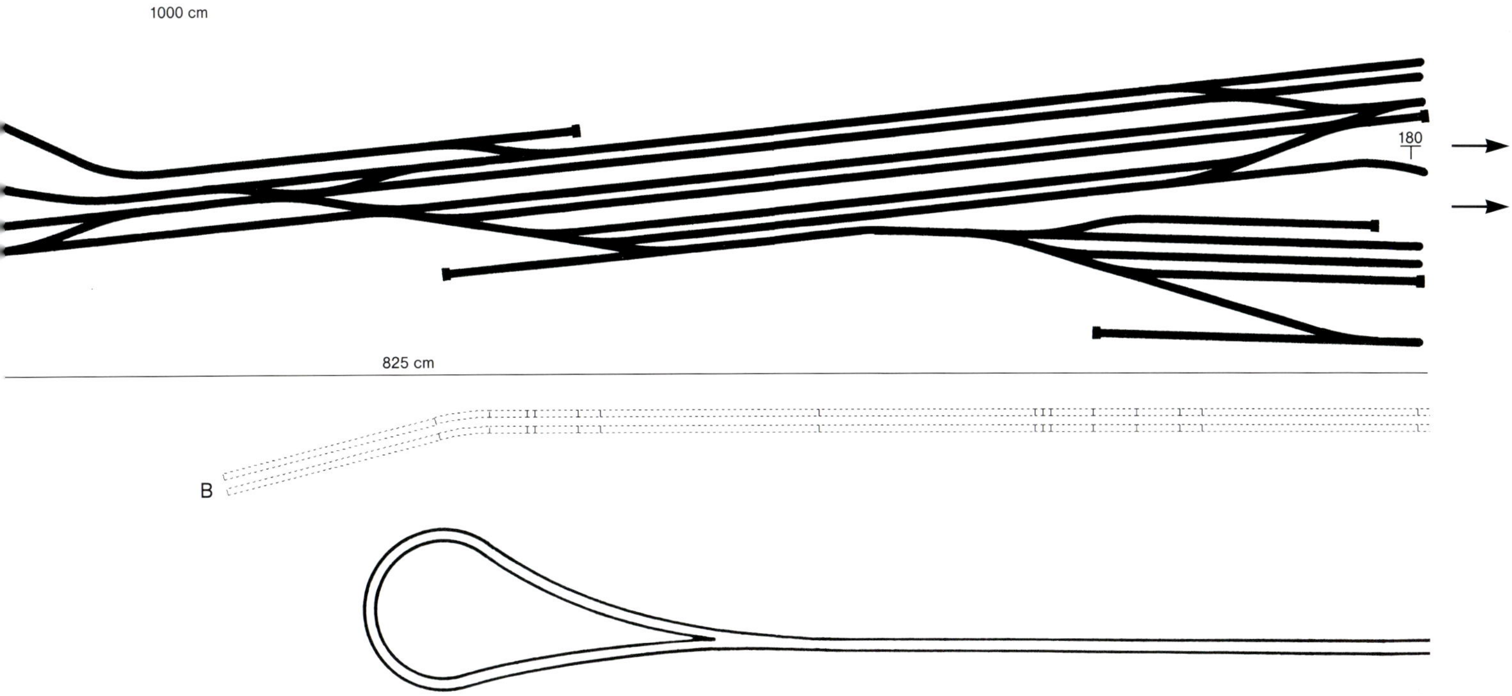

Schemazeichnungen oben:
Gleisplan zu der hier beschriebenen Anlage, linker Teil des langen Schenkels; die anschließenden Teile setzen sich auf den Seiten 82 und 83 fort. Das gleiche gilt auch für den darunter angeführten Gleisplan zu den verdeckt verlegten Strecken in der unteren Ebene und den Streckenführungsplan zur integrierten Autostraße.

So schlug ich meinen Auftraggebern einen Grundriß für die Anlage in Winkelform vor, wobei die Schenkellängen 22,5 und 5 m betragen sollten, bei einer Anlagentiefe von 1,50 m bzw. 1,70 m. Diese Tiefenmaße wählte ich bewußt nicht größer, damit die Zugänglichkeit zur Durchführung der anfallenden Wartungs- und Reinigungsarbeiten von den Anlagenrändern aus gewährleistet blieb. Andererseits erschienen mir die Flächen ausreichend für eine weitgehend freizügige Gestaltung der Geländetopografie.

Abbildung rechts:
Die Aufnahme zeigt das Eckteil der Anlage während der Rohbauphase in meinem Atelier.

Abbildung Seite 80:
Das noch im Rohbau befindliche vordere Anlagenteil ist mit dem bereits fertig gestalteten Eckteil verschraubt, um die Gleisverbindungen einpassen zu können.

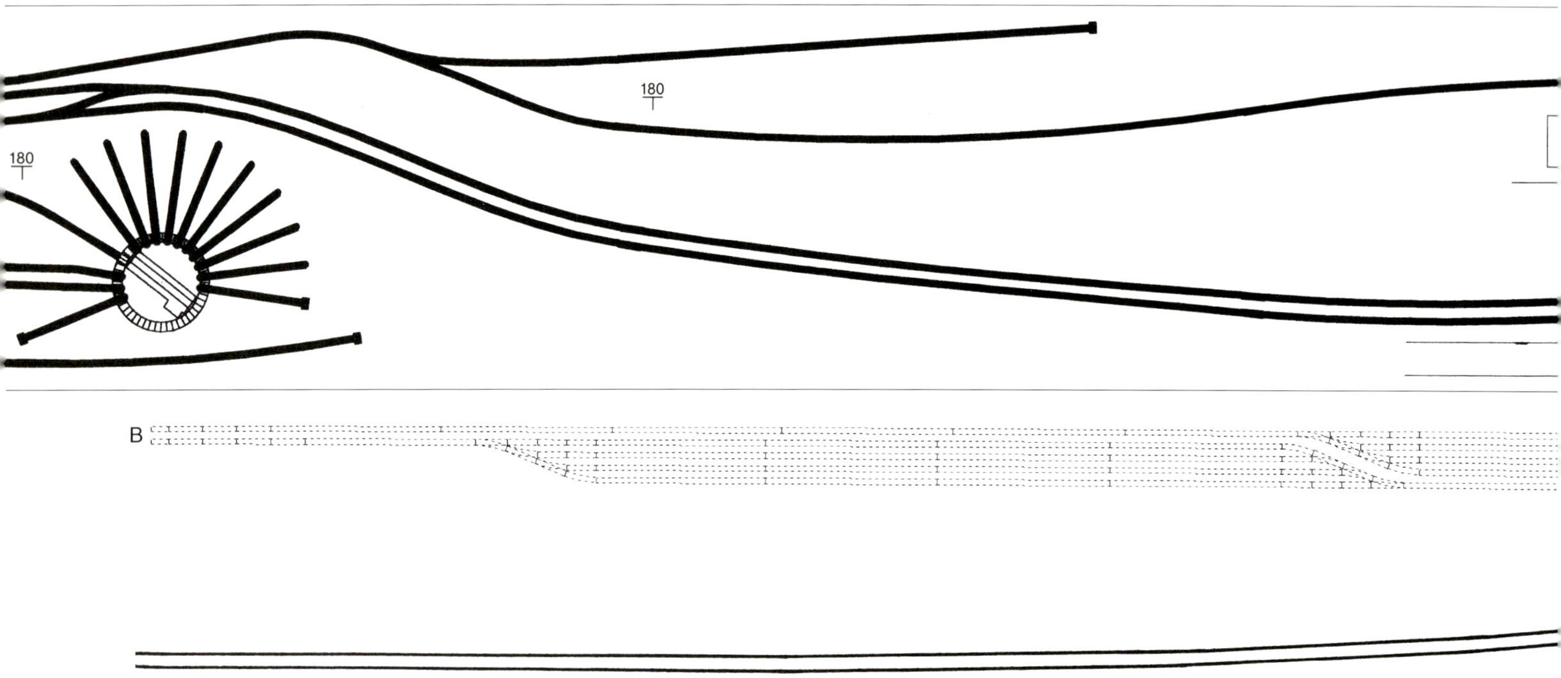

Es versteht sich von selbst, daß ich die Anlage nicht vor Ort bauen konnte. Unter Rücksichtnahme auf die beengten Raumverhältnisse in meinem Atelier, aber auch im Hinblick auf den Transport, war es notwendig, das Werk in elf Segmente mit Längen zwischen 2,50 und 2,70 m zu unterteilen. Auf dieser Basis entstand dann mein Entwurf in Form eines Streckenplans, der besseren Überschaubarkeit wegen zunächst im Maßstabsverhältnis 1:30. Was die Gestaltung betraf, war ich an keine speziellen Vorgaben gebunden. So konnte ich das Anlagenthema, den Landschaftscharakter und die zeitgeschichtliche Epoche nach eigenem Ermessen festlegen.
Ich entschied mich nach langen Überlegungen für eine Mittelgebirgslandschaft, die einerseits genügend Fläche für ein interessantes Streckennetz, zum anderen aber auch hinreichende Möglichkeiten zur Gestaltung abwechslungsreicher Gebirgsstrukturen bot.

Abbildung rechts:
Die Aufnahme zeigt das Spantengerippe von zwei Anlagensegmenten während des Einleimens der gleistragendenen Trassen. Um bestmögliche Laufeigenschaften zu erzielen, kommt es hierbei auf hohe Genauigkeit an.

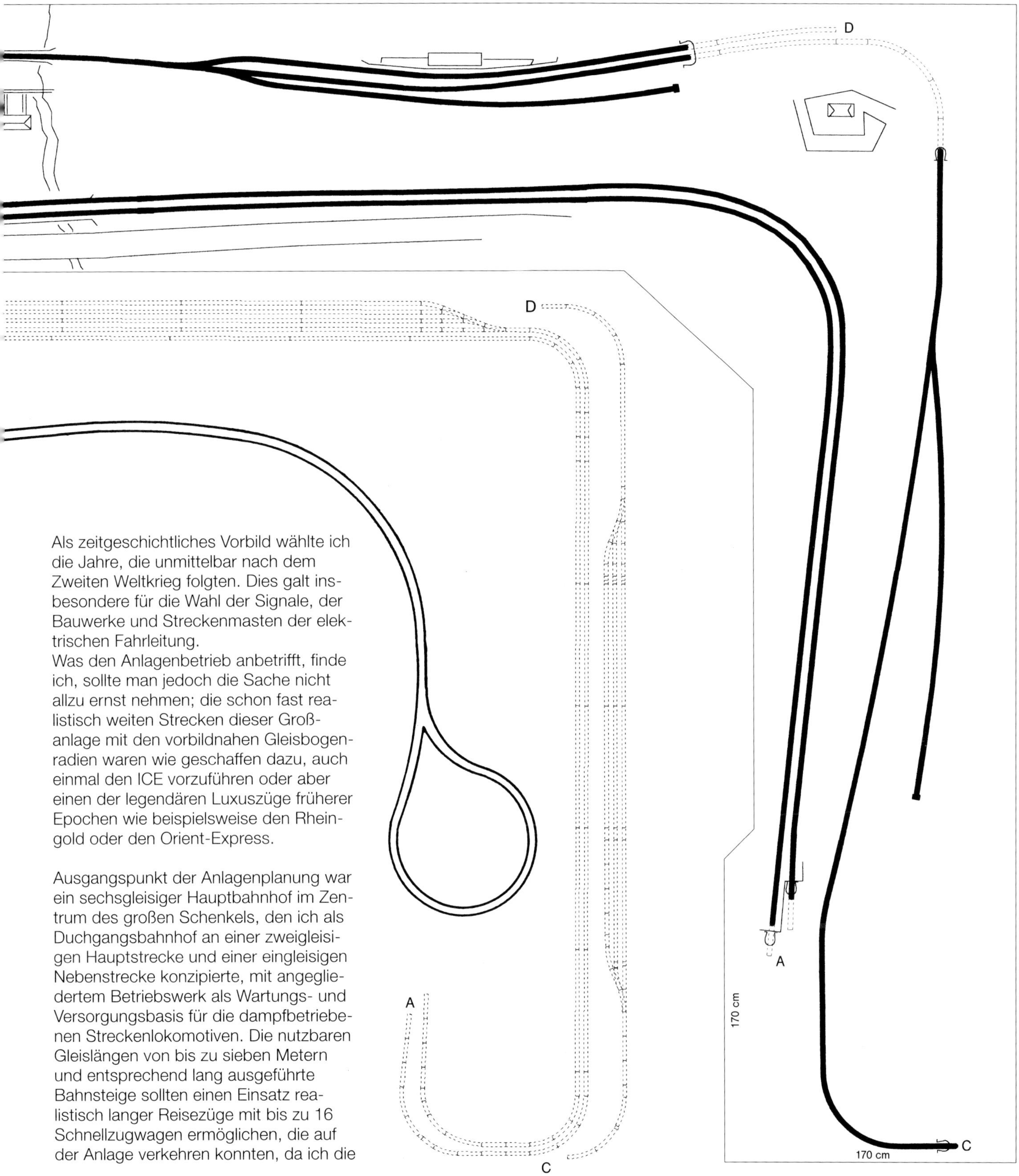

Als zeitgeschichtliches Vorbild wählte ich die Jahre, die unmittelbar nach dem Zweiten Weltkrieg folgten. Dies galt insbesondere für die Wahl der Signale, der Bauwerke und Streckenmasten der elektrischen Fahrleitung.
Was den Anlagenbetrieb anbetrifft, finde ich, sollte man jedoch die Sache nicht allzu ernst nehmen; die schon fast realistisch weiten Strecken dieser Großanlage mit den vorbildnahen Gleisbogenradien waren wie geschaffen dazu, auch einmal den ICE vorzuführen oder aber einen der legendären Luxuszüge früherer Epochen wie beispielsweise den Rheingold oder den Orient-Express.

Ausgangspunkt der Anlagenplanung war ein sechsgleisiger Hauptbahnhof im Zentrum des großen Schenkels, den ich als Duchgangsbahnhof an einer zweigleisigen Hauptstrecke und einer eingleisigen Nebenstrecke konzipierte, mit angegliedertem Betriebswerk als Wartungs- und Versorgungsbasis für die dampfbetriebenen Streckenlokomotiven. Die nutzbaren Gleislängen von bis zu sieben Metern und entsprechend lang ausgeführte Bahnsteige sollten einen Einsatz realistisch langer Reisezüge mit bis zu 16 Schnellzugwagen ermöglichen, die auf der Anlage verkehren konnten, da ich die

Neigungen an keiner Stelle steiler als 1,8% einplante.
Das Dampfbetriebswerk verfügte über alle Behandlungs- und Versorgungseinrichtungen einer klassischen Dampflokbasis, unter anderem auch über eine Drehscheibe mit neunständigem Ringlokschuppen. Alle Versorgungs- und Behandlungsstationen waren so angelegt, daß die Bekohlung, das Entschlacken, das Wassernehmen und das Besanden ohne Gleiswechsel vorbildgetreu simuliert werden konnten.

Die zweigleisige, vollelektrifizierte Hauptstrecke durchmaß in eleganter Führung und mit Gleisbögen in nahezu realistisch weiten Radien den gesamten Bereich der mittleren Anlagenebene. Zwei fünfgleisige Speicherbahnhöfe (Schattenbahnhöfe) in Längen von sieben Metern innerhalb der verdeckten Bereiche in der unteren Ebene boten die Voraussetzungen für einen abwechslungsreichen Verkehr in beide Richtungen und mit ständig wechselnden Zuggarnituren.
Die links vom Hauptbahnhof wegziehende Nebenstrecke teilte sich, um sich im Berg verdeckt wieder in Form einer Wendeschleife zu vereinigen. Auch die nach rechts wegziehende Nebenstrecke endete letztlich in einer Wendeschleife, allerdings für den Betrachter nicht erkennbar. Zunächst aber stieg sie nach dem Bahnhof an, überquerte einen kleinen Stausee und mündete in einen

Abbildung oben:
Das dem Hauptbahnhof angegliederte Dampfbetriebswerk. In der Abbildung zu sehen sind ferner die Behandlungsgleise mit Bekohlungsanlage, Entschlackungsstation und Hochdruckbesandungsanlage.

Abbildung links:
Die Drehscheibe (System Fleischmann) mit Ringlokschuppen.

Abbildung Seite 85:
Blick in den sechsgleisigen Hauptbahnhof mit den Bahnsteigen.

Landbahnhof. Dort teilte sie sich und wurde allerdings nur scheinbar zweigleisig, denn hinter dem Tunnel, also den Betrachterblicken entzogen, trennten sich die beiden Stränge wieder. Die vordere Trasse trat unterhalb der Burgruine wieder aus dem Berg und schnürte hoch am Hang an dem alten Steinbruch vorbei, zu dem ein Nebengleis abzweigte, bevor sie, nachdem sie auch die Felsnase halb umrundet hatte, wieder in einer Tunnelröhre verschwand. Im Inneren des Berges mündete sie schließlich in einen dreigleisigen Speicherbahnhof, in dem sie sich mit dem entgegenkommenden Zweig der hinteren Trasse zur Wendeschleife vereinigte.
Im vorderen unteren Drittel der Anlage wurde die zweigleisige Hauptstrecke von einer zweispurig geführten Autostraße begleitet, auf der, dem Faller-Car-System-Prinzip entsprechend, realistischer Autoverkehr durchgeführt werden konnte. Wie bereits in vorangegangenen Anlagenbeschreibungen mehrfach erwähnt, folgten dabei die mit Akkus und Lenkmagneten ausgestatteten Fahrzeuge einem in der Trasse eingelassenen Leitdraht. Erstmals auf dieser Anlage wurden vom Hersteller damals neu entwickelte Autos eingesetzt, die mit eingebauten Schaltern ausgestattet waren und in Verbindung mit unter der Trasse angebrachten Elektromagneten angehalten werden konnten. Mit Hilfe von Reedkontakten, die durch die Lenkmagnete der Fahrzeuge betätigt wurden, gelang auf diese Weise eine Art Blocksicherung, die ein Auffahren der Fahrzeuge verhinderte.

Der im Maßstab 1:30 gezeichnete Entwurf wurde bei der Firma Modellplan in Göppingen mit Hilfe eines Computers in einen geometrisch genau konstruierten Gleisplan im Maßstab 1:10 umgesetzt. Dies ersparte mir das aufwendige Reinzeichnen des Gleisplanes auf dem Reißbrett. Konstruktionsgrundlage bildete das von meinen Auftraggebern gewünschte Märklin-K-Gleissystem. Besonders vorteilhaft war dabei, daß der Computer nicht nur die Pläne exakt der vorgegebenen Gleisgeometrie entsprechend zeichnete, sondern gleichzeitig auch die Stückliste für den Gleisteilebedarf erstellte. Die Geländemerkmale und die Trasse der Autostraße mußten aller-

Abbildung oben:
Der kleine Landbahnhof in der oberen Ebene mit landwirtschaftlichem Lagerhaus.

Abbildung Seite 86 oben:
Blick aus der Vogelperspektive auf die Gleise des kleinen Landbahnhofs.

Abbildung Seite 86 unten:
Die Bahntrasse mit parallel geführter Autostraße. Man beachte die deutliche Kurvenneigung des Zuges.

Abbildung links:
Der Plotter der Firma Modellplan, der soeben ein Plandetail mit der Drehscheibe ausdruckt.

dings von Hand nachträglich eingezeichnet werden.
Aufgrund der doch sehr beengten Raumverhältnisse in meinem Atelier konnte ich die in elf Segmente unterteilte Anlage nicht an einem Stück herstellen. Vielmehr mußte ich abschnittsweise arbeiten. Um hierbei die Anschlußfugen zwischen den Elementen möglichst nahtlos und an den Gleisverbindungen millimetergenau passend ausbilden zu können, bearbeitete ich, mit Teil 1 von links beginnend, stets zwei zusammengefügte Elemente. Komplett fertiggestellt wurde aber immer nur das linke, während ich am rechten, noch im Rohbaustadium befindlichen Element, nur etwa eine Handbreit über die Fuge hinweg, die Endgestaltung vollendete. So stellte ich sicher, daß sowohl die Gleisverbindungen als auch die Geländeprofile beim späteren Zusammenbau am Standort genau zusammenpaßten.

Als tragendes Gerüst für die Trassen und den Geländeaufbau diente mir auch bei dieser Anlage ein Spantengerippe. Dieses vor allem vom Flugzeug- und Schiffsbau her bekannte Konstruktionsprinzip bot mir die notwendige Sicherheit für eine ausreichende Form- und Verwindungsstabilität der 45 m^2 großen Anlage. Die Basis war der elfteilige, durch Leistengitter innenverstärkte Vollholz-Rahmen. In Verbindung mit den aufgeleimten Vertikalspanten, die sowohl die Trassenauflagen als auch das formgebende Gerippe der Geländestruktur bildeten, entstand eine sehr stabile Unterkonstruktion.
Die Holzrahmen für die elf Segmente ließ ich in einer Bauschreinerei herstellen. Die sehr große Werkstatt dieses Betriebs reichte gerade aus, um den probeweise komplett zusammengeschraubten Anlagenrahmen aufzunehmen. Für die Rahmenkonstruktion wählte ich das besonders verwindungsstabile und standfeste Abachi-Holz. Zu jenem Zeitpunkt hatte ich noch keine Ahnung von der Gefahr, die bei tropischen Weichhölzern dieser Kategorie von den Liptuskäferlarven ausging. Allerdings hatten wir Glück: Durch die geringe Luftfeuchte im Ausstellungsraum konnten sich die sicherlich in einigen Rahmenhölzern vorhandenen Schädlingslarven nicht weiterentwickeln. Sichere Standfestigkeit erhielt die Anlage durch spezielle von mir entwickelte Stahlrohrfüße mit angeschweißtem Flansch zur Befestigung am Anlagenrahmen. Jeder der insgesamt 46 Anlagenfüße war mit einer feststellbaren, gummibereiften Lenkrolle und einem Gewinde für den Niveauausgleich ausgestattet. Jedes Element stand auf vier solchen Füßen, die beiden äußeren sogar auf fünf. Auf diese Weise wurde es möglich, am späteren Aufstellort alle Anlagenteile bequem zusammenzuschieben und nach dem Verschrauben auf ein einheitliches Niveau auszurichten. Und nicht zuletzt verhinderten die Gummibereifungen der Lenkrollen wirksam das Übertragen der beim Anlagenbetrieb entstehenden Fahrgeräusche in den Baukörper.
An eine Schauanlage, die über viele Jahre hinweg tagtäglich im Betrieb ist und einem oft von weit her angereisten

Abbildung oben:
Linke Bahnhofseinfahrt mit Reiterstellwerk und unterhalb der betonierten Böschung parallel geführter Autostraße.

Abbildung Seite 89:
Linkes Anlagenende mit ansteigenden Kalkschiefergebirge und Tunnelportal der eingleisigen Bergstrecke. Im Vordergrund erkennt man die zweigleisige Hauptstrecke.

Publikum vorgeführt wird, stellt man natürlich höhere Anforderungen als an eine nur gelegentlich benutzte Heimanlage. Und dies gilt nicht nur für die Betriebssicherheit – nichts ist ärgerlicher als eine Betriebsstörung unter den Augen von zwei Dutzend Zuschauern, die dann womöglich noch ihr Eintrittsgeld zurückfordern. Der Besucher erwartet auch eine meisterlich gestaltete Landschaft und den gleichen eleganten Zuglauf, wie er ihn vom Vorbild her kennt. Dies setzt jedoch schon beim Rohbau eine handwerklich solide Arbeit voraus, die alleine die Gewähr dafür bietet, daß der Gleisbau den zuvor erwähnten Kriterien entsprechend ausgeführt werden kann.
Es versteht sich von selbst, daß es bei Großanlagen wie dieser, die nur in der Spantenbauweise errichtet werden kann, nicht immer ganz einfach ist, den üblicherweise im Maßstab 1:10 gezeichneten Gleisplan in der geforderten Genauigkeit auf das Werkstück zu übertragen, zumal man im fortgeschrittenen Rohbaustadium kaum noch über geeignete Fixpunkte zum Einmessen verfügt. Einzig die in Originalgröße gezeichnete Werkpause bietet ein brauchbares Hilfsmittel beim Übertragen der vorgegebenen Gleisgeometrie in der Genauigkeit, wie sie hier gefordert wird.

Im Prinzip ist also die „Werkpause" nichts anderes als der im Maßstab 1:1 auf strapazierfähiges Packpapier übertragene Gleisplan. Bei der hier vorgestellten Großanlage habe ich ein Wochenende genutzt, als der zusammengebaute Anlagenrahmen in der Schreinerwerkstatt stand. Er war mit den zum Zuschnitt der Trassen vorgesehenen Sperrholzplatten belegt. Den so entstandenen Riesentisch deckte ich flächenbündig mit Packpapier ab. Wo die Papierbahnen nicht hinreichten, klebte ich sie zusammen.
In diese Werkpause übertrug ich nun vom Gleisplan – unter Nutzung der üblichen Zeichenhilfen wie Winkel, Stahllineal und Stangenzirkel – alle für die Gleisverlegung erforderlichen Bezugslinien und anschließend auch, um Verwechslungen vorzubeugen, mit verschiedenfarbigen Filzstiften die Schnittlinien zum Zuschnitt der Trassen. Die Werkpause dient also nicht nur als Orientierungshilfe beim Anreißen der Spanten, sondern, mit unterlegtem Kohlepapier (Graphitpapier), auch zum Durchpausen der Schnittlinien auf die zum Zuschnitt vorgesehenen Sperrholzplatten. Die gleichzeitig mitaufgepausten Verlegebezugslinien der Gleisgeometrie sind identisch mit den Längsachsen der zu verlegenden Gleisteile. Decken sich bei der späteren Montage die Längsachsen der Gleisteile – bei den Märklin-K-Gleisen markiert durch das Mittelleiter-Punktkontaktband –, erfolgt die Gleisverlegung unabhängig vom Höhenniveau exakt nach Plan.
Das Anreißen der Vertikalspanten für das formgebende Spantengerüst erforderte allerdings bei dieser Großanlage ein wenig Routine. Dies gelang, indem ich die Sperrholzplatten an der jeweils vorgesehenen Stelle auf die Werkpause auflegte, die Unterstützungshöhen für die Trassen markierte und letztlich die Geländeform aufzeichnete. Der Zuschnitt erfolgte dann mit der Stichsäge.
Die Unterbaukonstruktion der beschriebenen Großanlage bestand aus 72 Hauptspanten, die auf den Rahmen bzw. dessen Leistengitter mit wasserfestem Holzleim verleimt wurden. Hinzu kamen 32 in Längsrichtung aufgeleimte Hilfsspanten zur Unterstützung der im Bogen geführten Trassen. Bei allen Gleisbögen von mehr als 120° wurden die Trassen-

unterstützungen zum Kreismittelpunkt hin abgeschrägt, um eine merkliche Kurvenüberhöhung zu erzielen. Beim Modellbahnbetrieb treten zwar nie so große Fliehkräfte auf, daß eine Gleisüberhöhung in den Kurven aus Gründen der Betriebssicherheit erforderlich wäre, doch die Kurvenneigung fahrender Züge zählt mit zu den gewohnten Bildern unseres täglichen Lebens.

Würde man bei der Modellbahn auf die Kurvenüberhöhung verzichten, unterläge das Auge des Betrachters einer optischen Täuschung, indem es ein Kippen des Zuges zur Kurvenaußenseite hin erkennt, ein Effekt, den ich auf dieser Anlage unbedingt vermeiden wollte.

Der Gesamteindruck einer Anlage hängt auch in hohem Maße davon ab, inwieweit es gelingt, die natürlichen Wesensmerkmale der Bahnkörper – darunter versteht man die Gesamtheit einer Eisenbahntrasse – möglichst wirklichkeitsnah in das Modell zu übertragen. Bei der hier beschriebenen Großanlage achtete ich sehr auf eine möglichst schlanke Ausbildung der Bahnkörper, da diese unter den räumlich beengten Gegebenheiten im Modell, verglichen mit dem Vorbild, ohnehin massiger wirken. So gestaltete ich beispielsweise die Unterbaukronen nicht breiter als die aufliegenden Schotterbettungen, und die Streckenmasten der Fahrleitung setzte ich vorbildgerecht an die Böschungen.
Und schließlich achtete ich darauf, daß nirgendwo die angeschütteten Böschungen steiler ausfielen als 45°. Wo der Platz dazu nicht reichte, wie zum Beispiel an einigen Abschnitten zwischen Autostraße und Bahntrasse, formte ich entsprechende Konstruktionen als Beton- oder Bruchsteinstützmauern.
Da die Märklin-K-Gleise über keine angeformten Schotterbettungen verfügen, mußte vor dem Verlegen erst eine vorgeformte Bettung durch Aufkleben von 4 mm hohen Korkgleisbettstreifen hergestellt werden. Die für einen ungestörten, eleganten Zuglauf geforderte Druckfestigkeit verbot den Einsatz von plastoelastischen Werkstoffen.

Eigentlich sollte man annehmen, daß man beim Verlegen von Modellgleisen ohne angeformte Schotterbettungen, wie dies bei den Märklin-K-Gleisen der Fall ist, die von der Werkpause auf die Trassen mitübertragenen Bezugslinien auch nach dem Kleben der Korkgleisbettungen noch erkennen kann. In der Regel decken sie sich nämlich weitgehend mit den Mittelfugen der Korkstreifenpaare. Da ich bei dieser Anlage jedoch die Korkgleisbettungen innerhalb aller sichtbaren Anlagenbereiche mit Korkschotter vorgeschottert hatte, waren diese Verlegebezugslinien nicht mehr erkennbar. Ich kam jedoch auch ohne diese Orientierungshilfe ganz gut zurecht, lediglich die Lage der Weichen- und Kreuzungsherzstücke hatte ich vor dem Vorschottern mit Stecknadeln markiert.

Abbildung oben:
Detail mit Autobahn und Lastwagen mit Anhänger.

Abbildung Seite 90:
Einfräsen der 1 mm tiefen Nut in die Fahrbahntrasse für den Leitdraht; mit der Mini-Oberfräse von Böhler gelingt dies leicht. Allerdings muß diese Arbeit vor dem Einleimen des Trassenbrettes durchgeführt werden.

Die elektrische Installation der Anlage, einschließlich der von mir empfohlenen Computersteuerung auf der Basis von Märklin-digital, führte die Firma Schapals aus Mindelheim aus. In meine Aufgabenbereiche fiel im Rahmen der Gleisverlegung lediglich das Anbringen der Anschlußverbindungen an den Schienen und Gleistrennstellen, entsprechend den Angaben der Installationsfirma.
Die Märklin-K-Gleise verlegte ich weitgehend nach meinen eigenen Vorgaben im Computerplan. Da es beim Zusammenfügen der Gleisstücke immer einmal vorkommt, daß sich die Kontaktlaschen der Mittelleiter-Verbindungen hochbiegen und zur Kurzschlußursache werden, überprüfte ich die verlegten Gleisstränge immer wieder mit dem elektrischen Meßgerät.
Auch beim Verlegen der Gleise innerhalb der nicht einsehbaren Strecken im Untergrund verwendete ich zur Befestigung die Originalschrauben von Märklin, an deren Gewinde ich einen Tropfen Zweikomponentenkleber gab, bevor ich sie eindrehte. Auf diese Weise beugte ich an diesen später schwer zugänglichen Streckenabschnitten einem möglichen Lösen der Schrauben durch die beim Fahrbetrieb auftretenden Vibrationen vor. Innerhalb der sichtbaren Bereiche konnte ich auf den Kleber verzichten, da dort die Schrauben nach dem Erhärten der schwellenoberkantenbündigen Einschotterung wieder entfernt wurden.

Die Gleisverbindungen an den Fugen, an denen die Anlagenteile gegenseitig verschraubt waren, paßten aufgrund der soliden Unterkonstruktion so exakt, daß man hätte versucht sein können, auf zusätzliche Schienenverbinder zu verzichten.
Doch in ähnlichen Fällen rate ich davon dringend ab, denn durch die werkstoffbedingten Maßveränderungen bei den Holzaufbauten, oder durch thermisch bedingte Längenveränderungen der Schienen, sind kleine Maßdifferenzen an den Schienenstößen nicht auszuschließen, ja sogar wahrscheinlich. Zwar würden diese im Zehntelmillimeterbereich liegenden Ungleichheiten nie zum Entgleisen der Züge führen, sie bewirken jedoch einen extrem hohen Verschleiß der aus Weichgummi hergestellten Haftreifen, mit denen auch heute noch die meisten Triebfahrzeuge ausgerüstet sind. Ein unterwegs verlorener Haftreifen aber birgt stets das Risiko einer lästigen Betriebsstörung in sich, das man bei einer Schauanlage nicht eingehen sollte.

Nachdem ich die Gleise verlegt, die elektrischen Anschlüsse überprüft und Probefahrten auf allen Streckenabschnitten durchgeführt hatte, wirkten die blanken Neusilberschienen noch sehr unnatürlich. Die Farbkorrektur gelang mit rostroter Mattlackfarbe, die ich vor dem Einschottern der Gleise mit der Airbrush-Pistole verarbeitete. Neben der zügigen Arbeitsweise war hier von Vorteil, daß auch die beweglichen Teile der Weichen mit der dünnflüssigen Farbe überhaucht werden konnten, ohne daß ich mit Verklebungen rechnen mußte. Nachteilig war allerdings der Umstand, daß ausreichend Platz im Umfeld der Gleise zur Führung der Pistole vorhanden sein mußte. Wo dies nicht gegeben war, beispielsweise innerhalb von Brückenbereichen, an den Bahnsteigen oder an Ge-

birgsanschnitten, mußte ich die etwas weniger verdünnte Farbe mit einem Rindshaar-Plattpinsel auftragen. Danach reinigte ich die Schienenköpfe zunächst mit Isopropylalkohol und schliff dann die Laufflächen mit Wasserschleifpapier der Körnung 360 blank.
Zum schwellenoberkantenbündigen Einschottern der Märklin-K-Gleise verwendete ich dunkelbraunen, feinen Korkschotter und als Einbettmasse das damals von Heki neu entwickelte Latex 3342. Dieser Werkstoff verfügt über ausgeprägte thixotrope Eigenschaften, d. h., er verflüssigt sich beim Verarbeiten und verfestigt sich sofort mit Eintritt des Ruhezustandes wieder. Daher sackt die zwischen den Schwellen in den Gleiskörper eingebrachte Masse kaum ein und neigt weder zum Unterkriechen noch zum Ablaufen an den Böschungskanten. Entsprechend geringer war die Gefahr, daß die Stellgestänge und Zungen in den Weichen durch unterkriechendes Material verkleben, so wie dies vordem bei Verwendung von verdünntem Holzleim oft der Fall war.
Aus optischen Gründen hätte ich zwar lieber natürlichen Steinschotter zum Einschottern verwendet. Da ich jedoch damit rechnen mußte, daß bei dem tagtäglich zu erwartenden Dauerbetrieb hier und da einmal eine Weiche ausgetauscht werden muß, wählte ich den Korkschotter als Alternative, weil sich die damit hergestellten Bettungen leichter aufschneiden lassen.
Nur die zweigleisige Hauptstrecke überspannte ich mit der elektrischen Fahrleitung (Oberleitung) System Sommerfeldt. Die Tragwerke im Bahnhof erhielt ich nach meinen genauen Maßangaben vom Hersteller vorgefertigt.
Wegen der vielfältigen Steuerungsmöglichkeiten beim digitalen Fahrbetrieb konnte man auf die Funktionsfähigkeit und damit auf die Fahrdrahtüberspannungen im Untergrund verzichten. Hinter den Tunnelportalen angebrachte Fangbügel drückten die Dachstromabnehmer der ausfahrenden Elektrolokomotiven auf das Fahrdrahtniveau herunter.
Die Fahrdrahtverspannungen erfolgten im Bahnhofsbereich mit speziellen Federspannwerken.
Zur Verspannung der Strecken nutzte ich die Tunneleingänge, hinter denen ich, den Betrachterblicken entzogen, die dazu erforderlichen Spannfedern anbrachte. Allerdings erforderte hier die lange Distanz der quer über die ganze Anlage hinwegziehenden Hauptstrecke auch eine Zwischenverspannung mit Hilfe von Spannwerken, die ich im Bereich der achtteiligen Stahlgitterbrücke weitgehend unauffällig aufstellen konnte.

Insgesamt sieben Tunneleingänge bildeten die Pforten zu den im Untergrund verlegten Strecken und Betriebsbahnhöfen. Die Unterkonstruktionen bestanden aus Sperrholz und wurden mit Heki-dur Modellbauplatten verkleidet. Bei den Tunnelportalen der Autostraße handelte es sich hingegen um die Nachbildungen

Abbildung oben:
Blick auf die Staumauer und Turbinenhaus des kleinen Elektrokraftwerks. Links vorne erkennt man im Anschnitt das Umspannwerk.

Abbildung Seite 92 oben:
Verkleiden der aus Sperrholz gefertigten Staumauer mit Heki-dur-Modellbauplatten.

Abbildung Seite 92 unten:
Das einbaufertige Modell mit Turbinenhaus.

von Stahlbetonröhren, wie sie während der fünfziger Jahre aufkamen.
Dominierende Bauwerke in der aus Modellgips gestalteten Landschaft sind die Burgruine und die Staumauer. Die beiden doch recht unterschiedlichen Gebäude haben jedoch eines gemeinsam: Ihre Unterkonstruktionen sind aus Sperrholz und beide erhielten Verkleidungen aus Heki-dur-Modellbauplatten. Beide Modelle entstanden in Anlehnung an existente Vorbilder am Werktisch und waren bereits fertig, als ich mit dem Anlagenbau begann. Sie wurden ganz zum Schluß in die betreffenden Teile eingepaßt.
Bei der Burgruine entstand nach dem Vorbild einer typische Wehranlage aus dem 12. Jahrhundert. Das Grundgerüst aus 8-mm-Sperrholzabfällen verkleidete ich zunächst mit Verpackungskarton, um geeignete Klebeflächen für die Modellbauplatten zu erhalten. Die aus dem gleichen Karton gefertigten, senkrecht auf den Fundamenten stehenden Mauerreste kaschierte ich beidseitig. Mit dieser Sandwich-Methode erzielte ich eine vorbildnahe Mauerstärke und gleichzeitig ausreichende Stabilität.

Am leichtesten aber gelang der Turm. Sein Korpus bestand aus einer einfachen Papprolle, die ich mit den flexiblen Mauerplatten ummantelte. Vor der Bemalung mit Dispersionsfarbe bearbeitete ich noch die relativ druckempfindlichen Oberflächen der Mauerplatten, indem ich mit Zahnstochern Löcher und Schrammen eindrückte und außerdem auch Heki-Latex 3342 aufträufelte, um die allgemeine Verwitterung der Mauern noch mehr hervorzuheben.
Die kunstvoll gestaltete Staumauer ist das Glanzstück des zwischen Burg und Hauptbahnhof gelegenen Wasserkraftwerkes. Sie ist einem Vorbild in den Pyrenäen nachempfunden. Die Aufbauten des Maschinenhauses mit Schieberwinde stammen aus den Resten eines Faller-Bausatzes. Die Druckröhren lieferten die Aluminiumstäbe einer Fernsehantenne, die Gewässergestaltung erfolgte unter Verwendung der Faller-Gießmasse auf Epoxidharzbasis.
Für den plastischen Aufbau der Geländestrukturen verwendete ich Modellgips. Im Gegensatz zu leim- oder kunstharzgebundenen Spachtelmassen, die stets unter Volumenschwund aushärten und

deshalb nur in beschränkter Schichtdicke aufgetragen werden können, erhärtet Gips ohne Volumenschwund. Vor allem im Hinblick auf den Umfang der zu gestaltenden Fläche konnte ich mit diesem Werkstoff alle Geländeformen in einem einzigen Arbeitsgang modellieren. Als Verankerungsbasis diente Aluminiumgewebe, wie es in gut sortierten Eisenwarenhandlungen als Rollenware erhältlich ist. Es wurde an den Spanten, Trassenrändern und Rahmenblenden mit Stahlklammern befestigt. Durch Faltenlegen, Aufbiegen und Abspannen konnte ich die Geländestruktur schon weitgehend vorformen.

Obwohl für die gewöhnlichen Vegetationsflächen eine Gipsschicht von wenigen Millimetern ausgereicht hätte, um die notwendige Stabilität zu erzielen, trug ich das Material ungefähr 12 mm dick auf. So hatte ich die Gewähr, daß ich im Zuge der weiteren Geländegestaltung an jeder beliebigen Stelle der Anlage Bohrungen anbringen konnte, beispielsweise zum Einleimen von Bäumen, Zäunen oder aber den Pfählen für die Verspannungen in den Weinbergen. Auch für die Verdübelungen von unter hoher Zugspannung stehenden Objekten wie zum Beispiel Fahrleitungs- und Hochspannungsmasten hatte ich eine ideale Basis.

Für das Gebirge wählte ich nach Vorbildern im Schwarzwald und Odenwald ein Porphyrgestein mit Sandsteinauflage. Sowohl die Strukturen der Felsenbilder als auch deren Farbgebungen paßten gut in das Gesamtkonzept, zumal ich im rechten Schenkel auch einen Porphyrsteinbruch mit Zerkleinerungswerk und Ladegleis vorgesehen hatte. Zum Herausarbeiten der doch recht differenzierten Felsenstrukturen aus den erstarrten Gipsschichten benutzte ich Stechbeitel, Messer und Sgraffito-Schlingen.
Im Hinblick auf die jahreszeitliche Färbung entschied ich mich für eine Hochsommerlandschaft. Die frisch gemähten Wiesen und die in vollem Saft stehenden Bäume zeigen während dieser Zeit die kräftigsten Grüntöne. Auch die Getreideernte ist bereits im Gange, und die ebenfalls auf dieser Anlage dargestellten Weinreben präsentieren sich im üppigen Laub.
Dem ursprünglichen Wunsch der Auftraggeber nach einer Herbstlandschaft wollte ich nicht entsprechen, da ich in Anbetracht der Anlagengröße befürchtete, daß die Anlage zu bunt und unruhig hätte ausfallen können. Letztlich sollten die verkehrenden Züge den ersten Rang einnehmen und noch in deutlichem Kontrast zu ihrem Umfeld stehen.
Wichtig für den Gesamteindruck einer Anlage im Raum ist auch das farbige Umfeld. Mit einem geeigneten Hintergrund mußte ich also erst einen natürlich wirkenden Horizont schaffen, ohne den die nach dem Naturvorbild dreidimensional gestaltete Landschaft kaum zur Geltung gekommen wäre. Vor Ort waren

Abbildung oben:
Detail mit der großen Eisenbahnbrücke und Stahlbetonbrücke der Autobahn.

Abbildung Seite 94 oben:
Blick von der Rückseite auf den Stausee.

Abbildung Seite 94 unten:
Detail der mit Heki-dur-Modellbauplatten gestalteten Burgruine.

hierzu die denkbar besten Voraussetzungen gegeben: keine Fenster und spiegelglatte Wandflächen. So gelang die Imitation recht einfach, indem die Flächen zunächst mattweiß angelegt wurden und ich anschließend blaue Farbe mit einem leistungsfähigen Spritzgerät nach oben hin verdichtend aufnebelte. Auf diese Weise entstand das Bild einer dezenten Stratusbewölkung, wie sie für hochsommerliche Inversionswetterlagen typisch ist. Mit Rücksicht auf die harmonische Farbgebung der Landschaft erhielt der Anlagenrahmen mit den vorgesetzten Blenden eine seidenmatte Lackierung in Anthrazitgrau. Ich verwendete diesen Farbton generell als Rahmenfarbe, weil von ihm aufgrund seiner absoluten Neutralität keine negativen Wirkungen auf die Farbgebung der Anlagenszenerie ausgehen können.
Für eine realistische Farbwirkung spielt nicht zuletzt auch die Beleuchtung eine wichtige Rolle. Daher kamen zur Ausleuchtung dieser Anlage nur Lichtquellen in Frage, die über das volle Tageslichtspektrum verfügten. So wurden über den vorderen Anlagenrändern breit streuende Lichtbänder installiert, die in steilem Winkel die Szenerie gleichmäßig beleuchteten. Unnatürliche Mehrfachschatten wurden auf diese Weise vermieden.

Für mich persönlich war die Anlage im Modellbahnzentrum Pfarrkirchen, die am 15. Juni 1994 feierlich eingeweiht wurde, ein großer Erfolg. Ich berufe mich dabei auf die Wertungen des Publikums, wie sie in den Eintragungen des damals an der Kasse ausliegenden Gästebuches dokumentiert sind. Ich will hier nur eine stellvertretend für Hunderte zitieren: „Wir kommen von Hamburg und waren sehr skeptisch, doch der Weg hat sich gelohnt!" Mehr Anerkennung konnte ich mir nicht wünschen.
Weniger Glück hatten die Initiatoren der Einrichtung. So hoffnungsvoll alles auch begann, wurden doch die erwarteten Besucherzahlen selbst nach einer Anlaufzeit von zwei Jahren auch nicht annähernd erreicht. Die Hoffnung, daß ein großer Teil der alljährlich in den benachbarten Kurorten Bad Füssing, Bad Griesbach und Bad Birnbach weilenden Gäste die Ausstellung besuchen würde, erwies sich als Irrtum. Wie die sehr genau geführte Statistik ergab, kamen die meisten Besucher nicht aus der näheren Umgebung. Schließlich wurde die Einrichtung in Pfarrkirchen nach knapp vier Jahren aufgegeben.
Die große Schauanlage wurde geändert und an einen anderen Ort verbracht. Was aus ihr geworden ist, entzieht sich meiner Kenntnis. Nach der von mir nicht akzeptierten Änderung erlosch mein Interesse am weiteren Schicksal dieser Anlage.

Abbildung oben:
Beladeszene unter dem Brechwerk im Steinbruch im rechten hinteren Anlagenteil.

Abbildung Seite 97:
Detail am rechten Anlagenende mit Granitfelsen, Aussichtsturm und den beiden versetzt angeordneten Tunnelportalen der Hauptstrecke.

Kaiser Friedrich Quelle

Zu groß für den Messestand:
HO-Schauanlage „Königsbrücken“

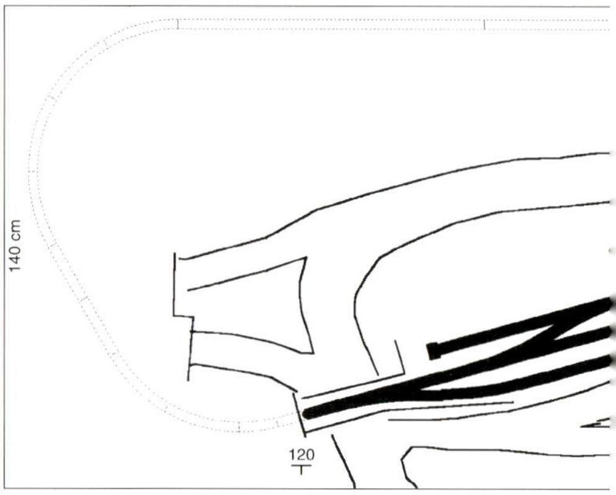

Den Auftrag zu dieser H0-Anlage erhielt ich von der Firma Faller. Das Schaustück sollte erstmals zur Internationalen Spielwarenmesse 1994 in Nürnberg im Zentrum des firmeneigenen Ausstellungsstandes der Öffentlichkeit vorgestellt werden. Vorgegeben war, neben einer Auswahl von Gebäudemodellen der jüngsten Generation, das Thema „Volksfest mit Eisenbahn“ beispielhaft darzustellen und außerdem die technischen Neuheiten des Faller-Car-Systems in Form einer lebendigen Straßenverkehrsszene möglichst eindrucksvoll zu präsentieren. Die Anlagengrundmaße wurden mit 7,50 × 1,40 m festgelegt.

Der Entwurf entstand wieder in Zusammenarbeit mit O. Sickert, der mir riet, ein kleines schiffbares, kanalähnliches Gewässer mit ins Bild zu bringen. Für diesen Fall wollte er mir dafür eine Pontonbrücke und drei neue Kreationen seiner inzwischen schon berühmt gewordenen Schiffsmodelle zur Verfügung stellen. Unter Einbeziehung dieser Idee entwarf ich dann zunächst den Gleisplan, der sich jedoch lediglich auf eine eingleisige Ringstrecke mit dreigleisigem Vorstadtbahnhof und einem zweigleisigen Schattenbahnhof im Untergrund beschränkte, auf der zwei Züge in vollautomatisch gesteuertem Gegenverkehr fahren konnten. In diesem Zusammenhang muß ich erwähnen, daß es meine Aufgabe war, auf dieser Werbeanlage der Firma Faller vorrangig deren Erzeugnisse in Verbindung mit möglichst praxisnahen Beispielen vorzuführen. Die Eisenbahn sollte als belebendes Gestaltungselement lediglich den zweiten Rang einnehmen.
Die wichtigste Szenerie verlegte ich in den Vordergrund unterhalb der um etwa 8 cm höher gelegenen Bahntrasse. Dort plante ich eine größere Fläche für eine Volksfestszene ein. Faller hatte schon damals eine beachtliche Auswahl an funktionsfähigen Schausteller-Fahrgeschäften im Angebot, angefangen vom kleinen Kinderkarussell über die Schiffschaukel bis hin zum alles überragenden Riesenrad. Schon damals war dieses Sortiment so reichhaltig, daß ich auf der vorgesehenen Fläche von mehr als einem halben Quadratmeter nicht alles unterbringen konnte. Ich beschränkte mich daher bei der Auswahl auf die klassischen Fahrgeräte, zumal ich beabsichtigte, auch alles übrige im Stil der späten sechziger Jahre zu gestalten.
Die zweitwichtigste Rolle spielte die Autostraße, auf der mit den bereits mehrfach in diesem Buch erwähnten Fahrzeugen des Faller-Car-Systems ein möglichst abwechslungsreicher Verkehr stattfinden sollte. Nachdem schon zwei Jahre zuvor die ersten Fahrzeuge mit eingebauten Schaltern auf den Markt ge-

Zeichnung oben:
Gleisplan mit Straßenführung im sichtbaren Bereich. Anlagengrundmaße: 750 × 140 cm

Abbildung unten:
Anlagendetail mit Vorstadt und Bahnhof.

Abbildung Seite 99:
Der Bahnhof aus der Vogelperspektive.

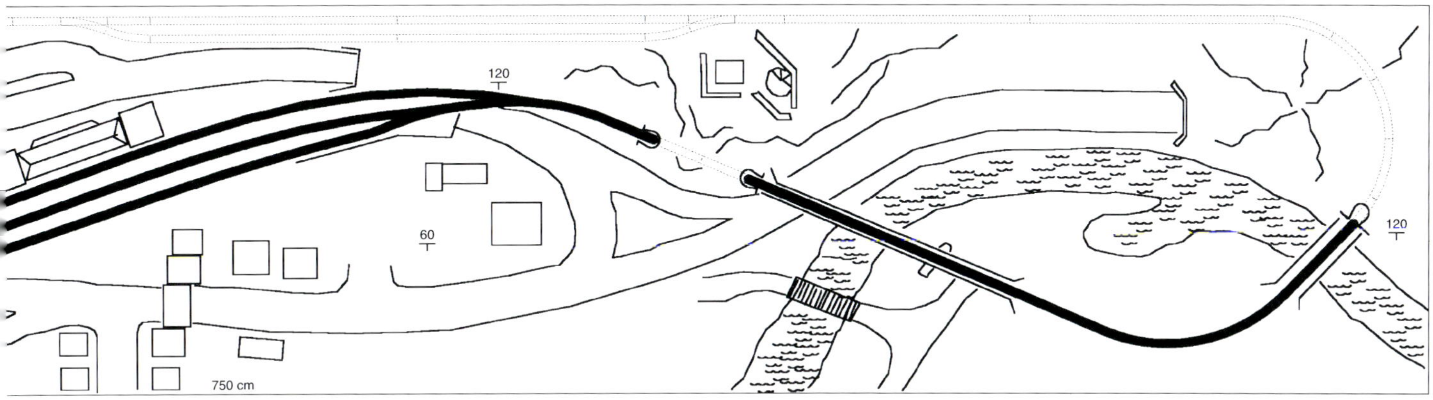

120
60
120
750 cm

kommen waren, die in Verbindung mit unter der Trasse eingebauten Elektromagneten angehalten werden konnten, standen diesmal Autos für den Einsatz auf dieser Anlage zur Verfügung, die mit einem doppelten Batteriesatz ausgestattet waren und mit einer Ladung etwa sieben Stunden unterwegs sein konnten. So plante ich eine im Zweirichtungsverkehr befahrbare Ringstrecke in Form einer Acht. Die im sichtbaren Bereich geplante Straße sollte, links in zwei Fahrbahnen geteilt, aus dem Berg treten. Als Einbahnstraßen im Rechtsverkehr sollten sie dann den Bahnhofsbereich samt Festplatz umrunden, um sich im rechten Anlagenteil, unter der Eisenbahnbrücke hindurchziehend, wieder zu vereinigen, bevor die Straße in der Röhre des rechten Tunnels wieder verschwindet. Die im Untergrund weiterführende Strecke sollte die Verbindungsschleife bilden. Gleichzeitig hatte ich im sichtbaren Bereich vor dem Empfangsgebäude des Bahnhofs und in der Gegenfahrbahn unmittelbar hinter der Bahnunterführung je eine Haltebucht vorgesehen, in die die Linienbusse geleitet werden sollten.

Geplant hatte ich also einen Straßenverkehr, an dem 12 Personenwagen, Lastwagen und Linienbusse beteiligt waren, also je 6 in einer Richtung. 12 Stoppstellen sollten die Autos anhalten, wenn der Sicherheitsabstand zum vorausfahrenden unterschritten würde. Diese Art Blocksteuerung gelang bei der späteren Ausführung mit hochempfindlichen Relais aus dem Heki-electronic-Programm, angesteuert über Reedkontakte, die in der Fahrbahndecke eingelassen waren und über die Lenkmagnete der Fahrzeuge betätigt wurden.
Da nur die Linienbusse in die Buchten einfahren und dort anhalten sollten, mußte ich diesmal zwei Leitdrähte im Parallelabstand von 5 mm in die Fahrbahnen einlassen, wobei die äußeren Spuren für die Busse und die inneren für die übrigen Fahrzeuge vorgesehen waren. Dessenungeachtet waren aber auch die Busse, deren Aufenthalte über spezielle Schalter geregelt wurden, in die allgemeine Blocksicherung einbezogen.

Für das landschaftliche Umfeld wählte ich ein Mittelgebirge nach dem Vorbild des Schwäbischen Jura. Im mittleren Teil war unter dem Bahnhof ein kleines Städtchen angedeutet, durch dessen historischen Torbogen sich der rollende Straßenverkehr zwängte. Die nach rechts weiterziehende Straße umrundete zunächst den Meßplatz und führte dann nach der Vereinigung mit dem hinteren Strang am Fluß entlang.
Die romantische Flußlandschaft im rechten Anlagenteil plante ich als Gegenstück zu den doch recht belebten Szenen in der Mitte und im linken Teil. Sie sollte mehr Ruhe ausstrahlen, bot jedoch, vor dem Hintergrund der romantischen Burgruine und der schönen, untertunnelten Felsnase der Bahntrasse, eine Vielzahl interessanter Details. Als besondere Kleinodien sprangen die dreiteilige Pontonbrücke und die Bucht hinter der Eisenbahnbrücke mit dem Sandverladekai ins Auge.
Aber auch die handgefertigten Schiffe, der Frachtkahn, das Fährboot und der Sandprahm bereicherten die Szenerie in beachtenswerter Weise.
Der über dem Terrain gelegene Bahnhof entsprach ebenfalls einer möglichen Vorbildsituation. Wie in den Abbildungen zu erkennen ist, ist er vom Publikum von der Straße her über Treppen erreichbar.

Abbildung oben:
Der Fluß mit der Eisenbahnbrücke und der ausgefahrenen Pontonbrücke im Vordergrund.

Abbildung Seite 101:
Der rechte Anlagenteil mit Fluß, Autostraße und der aus Heki-dur-Modellbauplatten gestalteten Burgruine. Der mit eingegossene Lastkahn stammt aus der Kollektion der Firma Wegas.

Für den Zubringerverkehr steht eine Auffahrrampe zur Verfügung, und auf der Anhöhe gegenüber liegt eine Eisenbahner-Siedlung. In der Senke vor dem ansteigenden Juragebirge schließlich versteckt sich die Schule zwischen den großen Platanen aus dem Faller-Programm.

Auch diese Anlage entstand auf einem Spantengerüst aus 10 mm starkem Sperrholz. Mit Beginn der Arbeiten erfuhr ich erstmals von den verheerenden Schäden, die Liptuskäferlarven an einem aus Abachi-Holz gefertigten Anlagenrahmen angerichtet hatten.

Deshalb ließ ich den Rahmen zu dieser Anlage aus Pappelholz anfertigen. In Anbetracht der extrem schwierigen Verarbeitung dieser faserigen Holzart blieb es jedoch bei diesem einen Versuch.
Die Gebirgsformationen modellierte ich mit Modellgips unter Zusatz von wenig Torfmehl. Dadurch blieb die Masse zur Ausformung dieses speziellen und besonders schwierig herzustellenden Gesteins etwas länger offen. Die Bemalung der Gebirgsstrukturen führte ich lasierend mit Dispersionsfarbe aus. Dabei nutzte ich die helle Alabasterfarbe des getrockneten Modellgipses direkt als Malgrund, der lediglich noch einer farblosen Grundierung bedurfte.
Wie bei den vorangegangenen Anlagen verwendete ich auch hier Faller-Gießmasse zur Gewässergestaltung. Sowohl die Schiffe als auch die Pontonbrücke wurden mit eingegossen, die Grünflächen unter Verwendung von synthetischen Grasfasern aus dem Faller-Sortiment elektrostatisch beflockt.

Wohl mit keiner anderen Präsentation als mit dieser nach meiner Einschätzung wirklich gut gelungenen Anlage hätte man besser dokumentieren können, wieviel Bewegung in der Kombination mit den drei Medien Modellbahn, Volksfest und Autoverkehr auf einer so kleinen Fläche möglich ist, ohne gleichzeitig qualitative Abstriche bei der Landschaftsgestaltung hinnehmen zu müssen. Ganz im Gegenteil vermittelten die fahrenden Autos, die in eleganter Fahrt herannahenden Züge und die bunte Welt der sich bewegenden Fahrgeschäfte der Volksfestszene vor dem Hintergrund des Juragebirges den Eindruck eines harmonisch ausgewogenen Gemäldes, an dem man sich nicht sattsehen konnte.
Und trotzdem war es ausgerechnet diese Anlage, die der Auftraggeber nicht abnahm. Bemängelt wurde, daß die Landschaft mit zu wenigen Artikeln aus dem aktuellen Verkaufsprogramm ausgestattet sei. Stutzig wurde ich allerdings, als ich mich bereit erklärte, entsprechende Änderungen vorzunehmen, dies jedoch vom Auftraggeber spontan abgelehnt wurde. Hinter vorgehaltener Hand erfuhr ich dann den wirklichen Grund: Man hatte vergessen, mich rechtzeitig davon zu unterrichten, daß sich die Maße des Messestandes geändert hatten und mein Werk in den neuen Raster nicht hineinpaßte.
Nun, ich blieb nicht lange auf der Anlage sitzen. Ich konnte sie an das Modellbahnzentrum in Pfarrkirchen verkaufen, und von Faller erhielt ich gleich den Auftrag für eine neue Messeanlage ähnlicher Planung, jedoch in den entsprechend veränderten Abmessungen. Inzwischen befindet sich die erste, verschmähte Anlage in Privatbesitz.

Abbildung oben:
Der unterhalb der Bahntrasse vorgelagerte Platz, auf dem das Volksfest stattfindet. Aufstellung fanden das alles überragende Riesenrad, drei Karussells, Autoscooter, Schiffschaukel und einige Verkaufsstände. Den Platz könnte man auch wechselweise als Marktplatz nutzen.

Gewichtet und für gut befunden:

H0-Schauanlage „Schwarzburg“

Die Geschichte dieser Anlage ist eng verknüpft mit dem Schicksal der vorher beschriebenen Messeanlage „Königsbrücken“. Wie bereits zuvor erwähnt, hatte der Auftraggeber deren Annahme verweigert, weil sie nicht in das neue Messestandmaß paßte.
So blieb mir nichts anderes übrig, als eine neue, um 90 cm verkürzte Anlage zu bauen. Nach dem Willen des Auftraggebers sollte ich mich jedoch dabei weitgehend an das Konzept der ersten Anlage halten, zumindest was die Streckenführungen der Bahn und der Autostraße anbetraf, die offensichtlich doch recht gut gefiel. Diese neue Anlage ist in meinem Werkverzeichnis unter dem Namen „Schwarzburg“ registriert.

Natürlich konnte ich den Plan von der Anlage „Königsbrücken“ nicht einfach übernehmen. Zwar konnte ich, indem ich die Neigungswinkel der unterführenden Autostraße etwas vergrößerte, die Umfahrung des Bahnhofsbereichs der ursprünglichen Streckenführung entsprechend beibehalten, doch für den getrennten Busverkehr über einen zusätzlichen in die Fahrbahn eingelassenen Leitdraht reichte es nicht mehr.
So mußte ich auch auf die Bushaltestellen und damit auf einen wichtigen Effekt zur Demonstration des von außen steuerbaren Autoverkehrs verzichten.
Die 90 cm fehlten bei dieser neuen Anlage ferner zur Gestaltung des Gewässers in der ursprünglichen Dimension. Platz im rechten Anlagenteil blieb nur noch für ein schmales Bächlein. Ganz abgesehen davon wäre auch mein Freund Sickert weder bereit gewesen, die schöne, in Handarbeit gefertigte Pontonbrücke noch die drei Schiffe ein zweites Mal zur Verfügung zu stellen. Damit war die neue Anlagenversion im Vergleich mit der alten um einige wichtige Glanzpunkte ärmer.
Da ich aber diesmal kein Risiko eingehen wollte, zumindest was die Anzahl der auf der Anlage darzustellenden Artikel anbetraf, schickte ich den rohen Gleisplan zur Firma Faller, mit der Bitte, man möge mir die Gebäude, die man zeigen will, in den Entwurf maßstabgerecht einzeichnen.

Abbildung oben:
Der linke Anlagenteil aus der Vogelperspektive.

Der schwarze Peter lag nun beim Auftraggeber. Doch dieser reagierte prompt. Schon nach wenigen Tagen erhielt ich das Gewünschte. Offensichtlich hatte man aber einen Zeichner im Technischen Büro mit der Aufgabe betraut, der sich in diesem Metier weniger auskannte.
Wie ich erwartet hatte, war der Plan, der zurückkam, mit Gebäudegrundrissen überladen. Das Schlimmste war jedoch, daß die Auswahl zwar im Hinblick auf die Zuordnung nach Baustil und Funktion einigermaßen korrekt vorgenommen worden war, jedoch hatte man die maßstäblichen Unterschiede der einzelnen Modellgenerationen nicht berücksichtigt, so daß beispielsweise das zweistöckige Einfamilienhaus aus der neuesten Serie das benachbarte dreistöckige Bürgerhaus aus der vorhergehenden Generation um ein halbes Stockwerk überragte. Zum Glück hatte die Geschäftsleitung das Einsehen, daß es so nicht gehen konnte, und gestattete mir schließlich, die Zusammenstellung der Gebäude nach eigenem Ermessen vorzunehmen. Aber, um mich nicht wieder in die Nesseln zu setzen, habe ich sicherlich zu Lasten einer harmonisch ausgewogenen Landschaft, mehr Gebäudemodelle als sonst üblich aufgenommen.
Um für die hohe Anzahl an Gebäudemodellen mehr Platz zu schaffen, war ich ferner gezwungen, die vordem elegant geschwungenen Bahnhofsgleise zu begradigen und außerdem auf zwei zu reduzieren.

Anstelle der Weinberge im linken Anlagenteil nutzte ich den Hang für eine Siedlung, hinter dem Bahnhof entstand ein moderner Supermarkt, und dort, wo die Bushaltestellen waren, stellte ich Mietshäuser auf. Mit dem neuen Konzept mußte ich zwangsläufig auch die zeitgeschichtliche Epoche in die Gegenwart verlegen, was allerdings auch mehr den auf der Straße eingesetzten Fahrzeugtypen entsprach, da es damals noch keine Oldtimer im Angebot gab. Nur was den Meßplatz anbetraf, hielt ich mich genau an die Vorgaben, da ich sämtliche Fahrgeschäfte betriebsbereit geliefert bekam.
Im Gegensatz zur ersten Anlage waren diesmal auch modernere Fahrgeschäfte vorgesehen. In der rechten Anlagenhälfte blieb die untertunnelte Felsnase erhalten, ich wählte jedoch ein andere Gesteinsart

Zeichnung rechts:
Der Gleisplan mit angedeuteter Streckenführung der Autostraße innerhalb des sichtbaren Bereichs.

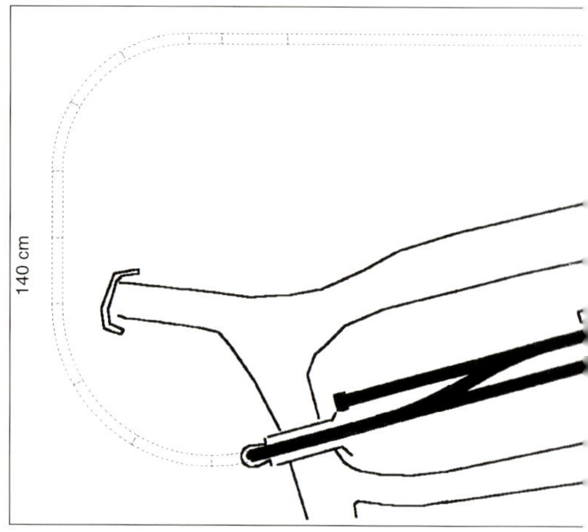

Abbildung Seite 105:
Der Bahnhof, die Altstadt und ein Teil der Volksfestszene mit den Karussells aus der Vogelperspektive.

Abbildung unten:
Die Volksfestszene mit Riesenrad und Bahnhofseinfahrt im Hintergrund.

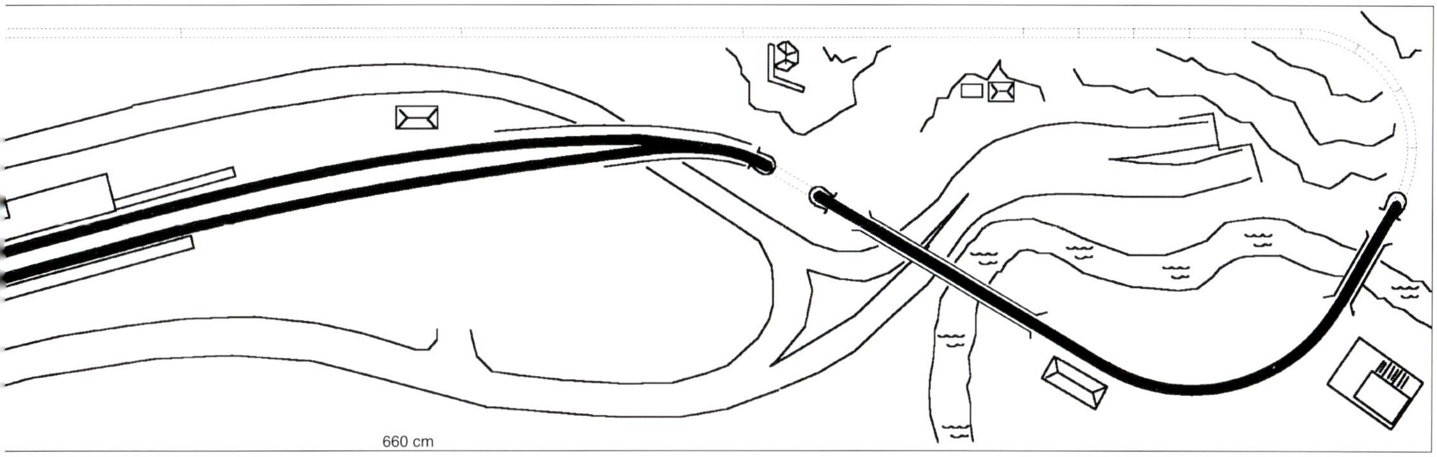
660 cm

Esso

zum Vorbild. Auch den Platz, den vordem die Burgruine einnahm, die ich unter Verwendung von Heki-dur-Modellbauplatten individuell gestaltet hatte, ersetzte ich hier durch ein Bausatzmodell. Und wie bereits vorweggenommen, mußte auch das Gewässer aus Platzmangel kleiner ausfallen. An den Hang über der Straße im rechten Anlagenteil setzte ich die Hexenlochmühle, die allerdings, durch die Verkleinerung des rechts ansteigenden Gebirges bedingt, ausreichend Platz fand.

Da die Ursache des Schädlingsbefalls an einem aus Abachi-Holz gefertigten Anlagenrahmen wissenschafttlich noch nicht ganz geklärt war, andererseits aber die alternative Verwendung von Pappelholz auch nicht befriedigte, bestellte ich den Leistengitterrahmen zu dieser Anlage aus weitgehend astreinem Kiefernholz. Ansonst unterschied sich der Aufbau nicht von der Anlage „Königsbrücken".
Im Gegensatz zu den Empfehlungen des Herstellers verwendete ich jedoch für die Trasse der Autostraße, auf der die Faller-Car-System-Fahrzeuge verkehrten, 8 mm starkes Sperrholz, nachdem ich bei Vorversuchen mit den empfohlenen 3 mm starken Trassen äußerst unbefriedigende Ergebnisse erzielte; in Verbindung mit den ebenfalls empfohlenen wässrigen Spachtelmassen war es zu erheblichen Verwerfungen gekommen. Dieses Risiko wollte ich hier nicht eingehen.

Allerdings beschränkte sich die Wirkung der unter der Trasse montierten Elektromagnete auf die in den Fahrzeugen befindlichen Stoppschalter auf einen Maximalabstand von 3 mm. Das Problem löste ich, indem ich an den Trassenunterseiten für die ringförmigen Magnetspulen entsprechende Vertiefungen einfräste, eine Arbeit, die selbstverständlich noch vor dem Einleimen der Trassenteile durchgeführt werden mußte. Auch beim Glätten der Fahrbahnen hielt ich mich nicht an die Herstellerempfehlungen; eine wasserfreie Spachtelmasse auf Lackbasis, die ich außerdem gleich grau einfärbte, erschien mir sicherer.
Diese Vorsichtsmaßnahmen zahlten sich aus, denn die Fahrbahnen zeigten auch nach längerem Ausstellungsbetrieb weder Wellen noch Verwerfungen und boten den verkehrenden Fahrzeugen geradezu ideale Bedingungen.
Die Geländestrukturen modellierte ich mit einer gipshaltigen Spachtelmasse aus dem firmeneigenen Lieferprogramm. Ich wählte diesmal jedoch für die Felsenbilder Granit zum Vorbild, da ich auf Wunsch meines Auftraggebers stellenweise auch die aus PU-Schaum geformten Gesteinsplatten mit verarbeiten sollte. Auf diese Weise konnte ich zwar erheblich Zeit einsparen, da dieses leicht zu bearbeitende Material nicht der ansonsten üblichen Nacharbeit mit Stechbeitel und Sgraffito-Schlingen bedurfte. Wie in den Abbildungen erkennbar, erreichte ich aber mit diesen Felsenbildern nicht das gleiche hohe Niveau wie mit den aus Alabastergips individuell geformten Details.

Abbildung oben:
Rechter Anlagenteil mit Eisenbahnbrücke, Hexenlochmühle und Granitgebirge im Hintergrund.

All den kleinen Unzulänglichkeiten zum Trotz wurde die Anlage „Schwarzburg" unbeanstandet abgenommen und vom Auftraggeber über viele Jahre hinweg als Schaustück genutzt. Es war allerdings die letzte Messeanlage, die ich für das Haus Faller bauen durfte. Waren meine Kreationen zu teuer oder einfach nicht mehr attraktiv genug? Auf diese Frage erhielt ich nie ein Antwort.

Abbildung Seite 107:
Rechter Anlagenteil mit Blick auf Hexenlochmühle und das Höhenrestaurant mit Aussichtsturm.

car
system

Nach dem Vorbild der Rhätischen Bahn:

H0m-Hochgebirgsanlage im Winterkleid

Den Normen Europäischer Modellbahnen (NEM) entsprechend steht die Bezeichnung „H0" stellvertretend für den Nachbildungsmaßstab 1:87, und zwar ohne nachgestellte Buchstaben für Modellbahnen, die auf Regelspurgleisen (in Mitteleuropa 1435 mm) verkehrenden Originalen nachgebildet sind. Die Spurweite ist mit 16,5 mm festgelegt. Der nachgestellte Buchstabe „m" weist hingegen darauf hin, daß es sich um eine Modellbahn handelt, die eine meterspurige Schmalspurbahn zum Vorbild hat und auf 12-mm-Gleisen verkehrt.
Eine solche H0m-Schmalspurbahn schlug ich vor, als ich vom Modellbahnzentrum in Pfarrkirchen den Auftrag erhielt, noch eine weitere, aber kleinere Anlage im Winterkleid zu bauen. Man erhoffte sich, durch das Aufstellen zusätzlicher, attraktiver Schaustücke aus meiner Werkstatt mehr Interesse an der Ausstellung vor allem bei der einheimischen Bevölkerung zu wecken. Wahrscheinlich ging es aber auch darum, mit dem erweiterten Angebot die doch relativ hohen Eintrittspreise zu rechtfertigen.
Das Thema Schmalspurbahn wählte ich vornehmlich deshalb, weil für diese Winteranlage nur eine Stellfläche von knapp 10 m² vorgesehen war. Auf der Grundfläche von 6,00 × 1,40 m konnte ich mit den systembedingt engeren Gleisbogenradien entsprechend großzügiger planen. Zudem kam, um das vorgegebene Thema wirkungsvoll in Szene zu setzen, nur eine Hochgebirgslandschaft in Frage. In Verbindung damit bot sich eine Schmalspurbahn nach dem Vorbild der Rhätischen Bahn förmlich an.
Auch dieses Mal konsultierte ich wieder meinen Freund Sickert, der schon bald einen interessanten Entwurf vorlegte, den ich allerdings in seiner Originalfassung nur teilweise verwirklichen konnte, da die darin vorgesehenen Streckenführungen zu große Neigungswinkel erfordert hätten. Insbesondere beim Ausstellungsbetrieb sollte man aber die Streckenneigungen unter 2% planen, um den Verschleiß der im Dauerbetrieb eingesetzten Fahrzeuge möglichst niedrig zu halten.
So wählte ich, wie in dem hier gezeigten Plan zu sehen, als Motiv eine Hochgebirgslandschaft in Granit mit kleinem Bahnhof und quer durch die Anlage ziehendem Gewässer, das sich im vorderen Teil – über Kaskaden stürzend – in einen Topf in der untersten Ebene ergoß. Die Schmalspurtrasse plante ich in Form einer in sich geschlossenen, eingleisigen Ringstrecke nach dem „Hundeknochenprinzip", mit einem dreigleisigen Bahnhof auf dem Plateau in der mittleren Ebene und einem ebenfalls dreigleisigen, ver-

Abbildung oben:
Der tiefverschneite Bahnhof aus der Vogelperspektive.

Abbildung Seite 108:
Blick auf die gesamte Bahnhofsanlage von rechts oben. Wie beim Vorbild sind von den Gleisen nur die eingefahrenen Spurrillen zu erkennen.

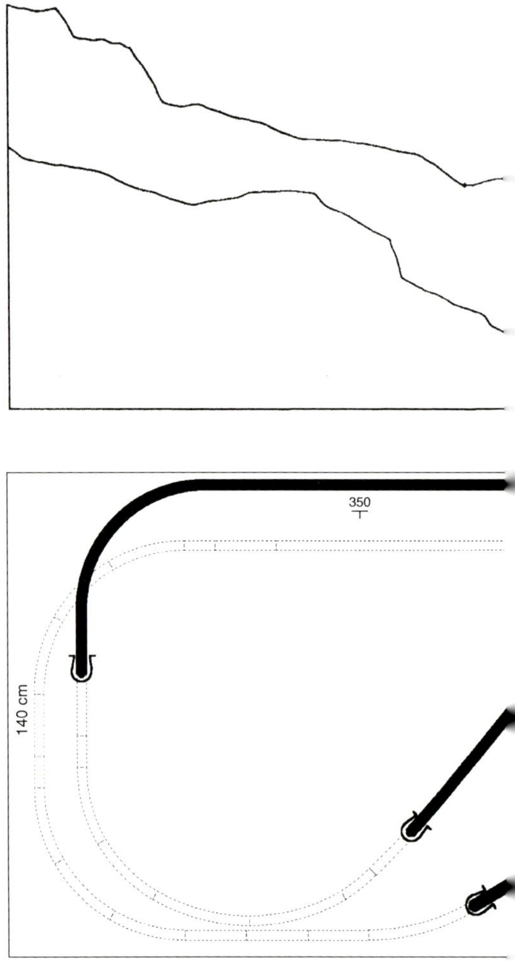

deckt gelegenen Gegenbahnhof (Schattenbahnhof) in der unteren Ebene.
Auf diese Weise wurde es möglich, vollautomatischen Verkehr mit drei Zügen in wechselnden Richtungen und mit programmierten Aufenthalten in beiden Bahnhöfen durchzuführen. Ein solcher Betriebsablauf bietet nicht nur dem Zuschauer mehr Abwechslung, sondern ist auch in technischer Hinsicht zwingend, da die regelmäßigen Zwangsaufenthalte der Züge eine Überwärmung der im Dauereinsatz befindlichen Triebfahrzeuge verhindern.
Was die Systemwahl anbetraf, entschied ich mich für H0m-Zweileiter-Gleise der Marke Bemo. Dieser Hersteller verfügt außerdem über ein sehr auswahlreiches Fahrzeugsortiment nach Vorbildern der Rhätischen Bahn. Leider gab es am Anfang in fahrbetriebstechnischer Hinsicht großen Ärger mit den damals neu entwickelten Weichenantrieben dieses Herstellers, die oft streikten und die im Automatikzyklus fahrenden Züge in die falschen Gleise leiteten.
Da diese Anlage vom Vorführer der Großanlage mitbedient wurde und nicht ständig beaufsichtigt werden konnte, hatte man die schon einen Tag nach der Inbetriebnahme aufgetretene Störung erst bemerkt, als Qualm aus dem Schattenbahnhof hochstieg, hervorgerufen durch eine vor sich hinschmorende Lokomotive.
Was war geschehen? Die Brandursache resultierte aus einem Phänomen, dem ich hier erstmals in meiner Praxis begegnete: Da die fehlgeleitete Lokomotive in einen elektrisch falsch gepolten Abschnitt eingefahren war, kam es zwangsläufig zu einem Kurzschluß, der zunächst auch bewirkte, daß der zugeordnete Trafo abschaltete. Die meisten Modellbahntrafos sind jedoch mit einer Bimetallsicherung ausgestattet, die, sobald deren feine Metallzunge abgekühlt ist, das Gerät automatisch wieder einschaltet, um nach einigen Sekunden wieder abzuschalten, wenn die Störungsursache noch nicht beseitigt wurde.
Da die massigen Fahrzeugachsen der kurzschlußverursachenden Lokomotive die mit dem Kurzschluß entstehende Wärme nicht so schnell abgeben konnten wie die dünne Metallzunge der Kurzschlußsicherung im Fahrgerät, kam es durch die ständigen Ausschaltungen zum Wärmestau im Fahrwerk, der schließlich eine so hohe Temperatur erreichte, daß die aus Kunststoff hergestellten Achslager schmolzen. Die immer wieder auftretende Störung, wobei Züge auf die falschen Gleise geleitet wurden, konnte erst nach Wochen beseitigt werden, als die Weichenantriebe durch verbesserte ersetzt worden waren.
Ich persönlich zog jedoch meine Lehre aus diesem Vorfall, indem ich bei Schauanlagen von da an zusätzliche Kurzschlußsicherungen in die Fahrstromzuleitungen einbaute, die man erst nach be-

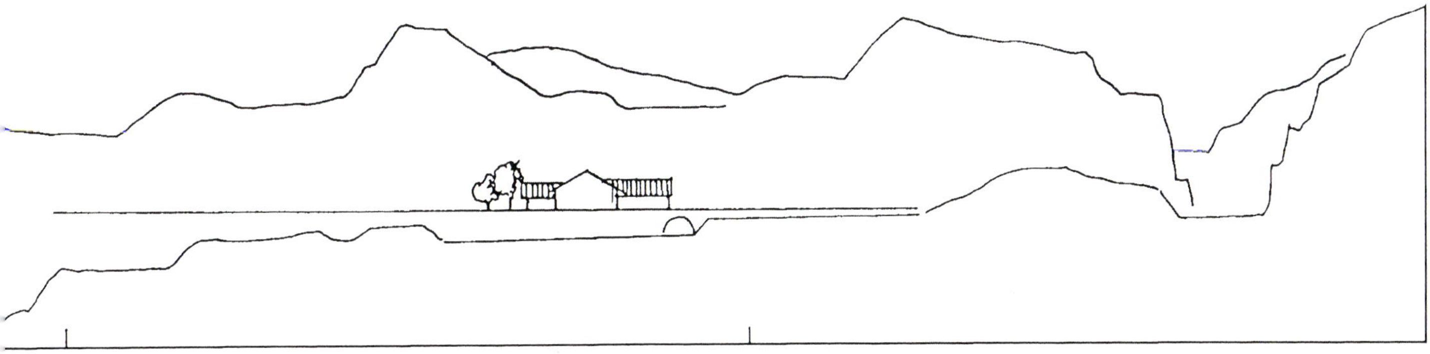

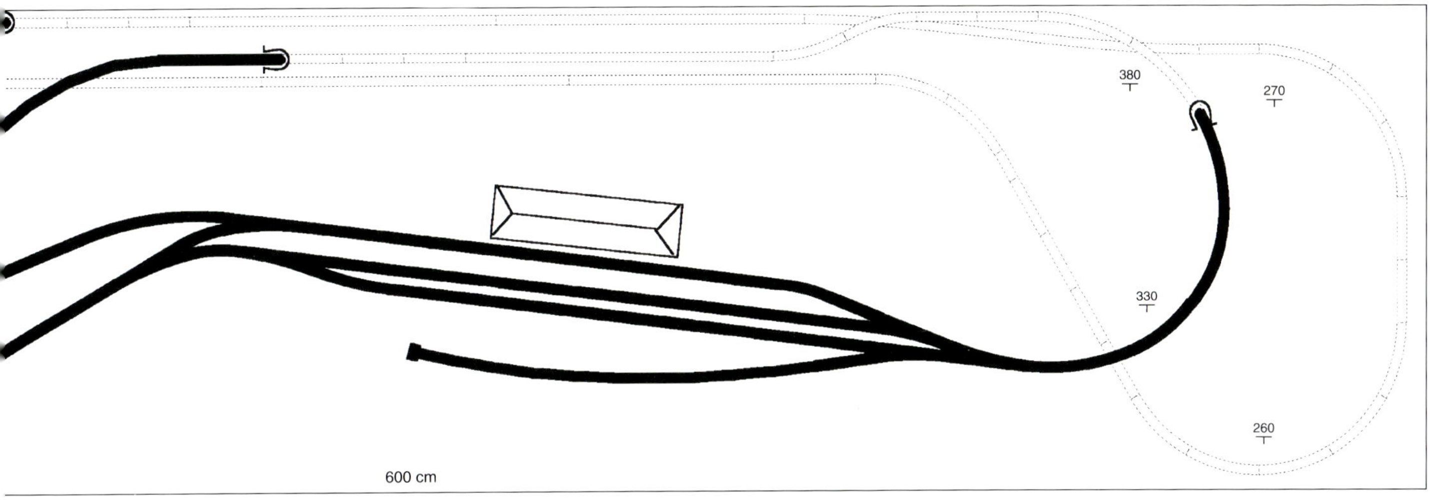

hobenem Störfall durch Knopfdruck von Hand wieder einschalten konnte. Solche Sicherungen sind im Elektronikhandel erhältlich.

Zeichnungen oben:
Der Gleisplan zu der hier beschriebenen H0m-Anlage mit darüberstehender Panoramaskizze.

Abbildung rechts:
Der Glacier-Express vor der Bahnhofseinfahrt. Im Hintergrund die Martinskapelle mit dem ansteigenden Granitgebirge.

Abbildung Seite 110:
Das gleiche Motiv wie vor, jedoch mit Blick über den Gebirgsbach hinweg auf die mit Heki-dur-Modellbauplatten gestaltete Burgruine.

Die Besonderheit bei dieser Anlage war natürlich die Schneeauflage. Allerdings ist es dabei durch einfaches Überpudern mit Dekoschnee nicht getan, so wie es gelegentlich empfohlen wird. Diese Anlage wurde von Grund auf als Winterlandschaft konzipiert. Winterlandschaften haben viele Gesichter, von den lediglich rauhreifüberzuckerten Fluren bis hin zum tief verschneiten Gelände mit satten Schneepolstern auf den Dächern. In diesem Fall habe ich mich für die mehr tief verschneite Variante entschieden, die ein Gestaltungskonzept mit zugeschneiten Gleisen und Straßen sowie Schneeauflagen auf Dächern, Bäumen und Zäunen vorsah.
Auf der Grundlage eines soliden Spantengerüstes und überformtem Aluminiumgewebe modellierte ich das Gelände zwar auch hier mit Alabastergips, die mit Schnee bedeckten Oberflächen glättete ich jedoch mit Hilfe einer Filzscheibe unter ständiger Wasserzugabe.
Die Zweileiter-Gleise verlegte ich wie stets auf Korkgleisbettungen. Auf das Einschottern konnte ich jedoch verzichten, da ich auch die Böschungen bis knapp unter die Schienenoberkanten mit Alabastergips glättend formte. Die Füllungen in den Gleisen fertigte ich aus 1mm dicken, zuvor exakt zugeschnittenen Streifen aus Heki-dur, wobei ich an jeder Seite zwischen den Schienen eine Laufrille von etwa 1,5 mm freiließ. Die hochelastischen Streifen, die ich mit Uhu-por Kontaktkleber auf die Schwellen klebte, konnte ich auch in die Gleisbögen ohne Schwierigkeiten einbringen, da die beidseitig aufgetragenen Kleberschichten nach kurzem Ablüften sofort fest hafteten und ein Rückstellen verhinderten.

Um eine tief verschneite Winterlandschaft vorbildgetreu in Szene zu setzen, ist es notwendig, wie bereits erwähnt, an allen aus dem Gelände herausragenden Objekten ein entsprechendes Schneepolster aufzubringen.
Gut geeignet hierfür sind gipshaltige Geländespachtelmassen, wie sie beispielsweise Heki und Faller im Sortiment führen. Im Prinzip könnte man auch Alabastergips verwenden, doch die erheblich verlängerte Abbindezeit bei den genannten Spachtelmassen ist hier von Vorteil. Allerdings gibt es sowohl mit Gips als auch unter Verwendung dieser Spachtelmassen auf glatten PVC Flächen Haftungsprobleme, wie beispielsweise auf den Dächern der Plastikbausätze.
Ich helfe mir in solchen Fällen stets durch das Aufbringen einer sogenannten Haftbrücke, indem ich auf die Plastikflächen zunächst Uhu-Allplast-Plastikkleber in ziemlich dichten Strängen aus der Tube auftrage und sie sofort, solange der Kleber noch naß ist, mit feinem Vogelsand bestreue. Nach der Trocknung hafteten die mit dem Palettmesser sorgfältig aufgetragenen Schneepolster einwandfrei. Auch an Pfählen, Weidezäunen, Kirchturmspitzen oder laublosen Plastikbäumen funktioniert diese Methode einwandfrei.
Lediglich bei den grün gefärbten Tannen, deren Vorbilder ja auch im Winter grün sind, an denen die mit dem Pinsel aufzutragenden Schneepolster auch ohne Haftbrücken gut halten, gibt es einige Schwierigkeiten insofern, als sich die grüne Farbe durch die Feuchtigkeit löst und in die Spachtelmasse einwandert, mit dem Effekt, daß sich die anfänglich blütenweißen Wintertannen einige Stunden später in zartem Grün präsentieren. Dieser Zustand ändert sich auch dann nicht, wenn die Schneepolster mit weißer Dispersionsfarbe bemalt werden, da die grüne Farblösung auch dort durchschlägt, so oft man auch die Farbaufträge wiederholt.
Abhilfe schafft nur eine Zwischenbemalung mit weißer Isolierfarbe, wie zum Beispiel mit Kelterlack (Spirituslack) oder Kronengrund.
Sowohl die geglätteten Gipsflächen als auch die Schneepolster auf den Dächern, Bäumen und Zäunen müssen zuerst mit einem speziell für solche stark saugenden Untergründe entwickelten Grundiermittel satt tränkend grundiert werden, um einen Bindemittelentzug

bzw. ein Aufbrennen bei den nachfolgenden Aufträgen der Schneefarbe zu vermeiden. Ich verwendete hierzu den in jedem gut sortierten Farbengeschäft erhältlichen lösungsmittelfreien Caparol-Tiefgrund LF. Nach guter Durchtrocknung erfolgen dann zwei Anstriche mit einer qualitativ hochwertigen Fassadenfarbe, der zuvor ein klein wenig blaue Abtönfarbe zugesetzt wird, damit sie etwas weißer wirkt. Die Farbaufträge sollte man sofort mit einer feinen Moltoprenwalze nachwalzen oder aber mit einem Rundpinsel nachtupfen, damit die Pinselstriche verschwinden und eine samtartig genoppte Oberfläche entsteht.
In gleicher Weise werden auch die Hekidur-Streifen in den Schienen behandelt, dort ist allerdings eine vorausgehende Grundierung nicht erforderlich. In den zweiten, noch nassen Anstrich wird dann Glasdiamantin eingestreut, mit dem man den für sonnenbeschienene Neuschneeflächen typischen Glitzereffekt imitiert.
Die Eiszapfen fertigte ich aus durchsichtiger Verpackungsfolie. Nachdem ich sie an die Dachrinnen geklebt hatte, formte ich sie unter Verwendung von Zweikomponenten-Glaskleber nach.
Das Gewässer gestaltete ich, wie bereits öfters beschrieben, unter Verwendung von Faller-Gießmasse. Die Schwälle der über die Kaskaden stürzenden Wassermassen formte ich aus Heki-Seefolie unter Wärmeanwendung mit dem Fön. Nach provisorischer Befestigung mit Stecknadeln verfestigte ich sie, indem ich sie mit dem Gießharz übergoß.
Zum letzten Mal sah ich die Anlage, die unter dem Namen „Winterbergen" registriert ist, nachdem sie etwas länger als ein Jahr im Modellbahnzentrum Pfarrkirchen stand. Die über Heki-Module gesteuerte Automatik funktionierte nach Aussagen der Betreuer einwandfrei von jenem Zeitpunkt an, als die Weichenantriebe ausgetauscht worden waren. Allerdings hätte es ein störungsfreier Dauerzugbetrieb erfordert, daß die Schienen dieser ungeschützten Zweileiter-Gleichstrombahn, in Anbetracht des extrem hohen Staubanfalls im Ausstellungsraum, mindestens einmal täglich gründlich gereinigt werden.
Da aber offensichtlich die wenigsten der öfter wechselnden Vorführer Lust dazu hatten, standen die Züge meistens, so auch während meines letzten Besuches in Pfarrkirchen.

Abbildung oben:
Szene im Bahnhof mit Blick auf das Empfangsgebäude.

Abbildung Seite 112:
Der Glacier-Express fährt aus dem Tunnel Richtung Bahnhof.

Nach den USA exportiert:
H0-Heimanlage mit Gleisbildstellwerk

Während eines Europatrips besuchte ein Industrieller aus Amerika das Haus Faller, besichtigte im dortigen Ausstellungsraum die von mir gestaltete Messeanlage „Schwarzburg" und wollte sie sofort kaufen. Angeblich paßte sie maßgenau in eine noch freie Nische seines Billardzimmers. Doch Faller benötigte die Anlage noch, da sie längerfristig als Schaustück für verschiedene Veranstaltungen eingeplant war. So wandte sich der Interessent direkt an mich mit der Anfrage, ob ich ihm die Anlage „Schwarzburg" exakt nachbauen könnte.

Ich antwortete ihm, daß ich als Künstler nur Unikate mit entsprechendem Zertifikat fertige, weshalb eine Kopie nicht in Frage käme. Doch erklärte ich mich bereit, ihm eine ähnliche, individuell auf seine speziellen Bedürfnisse zugeschnittene Anlage herzustellen. Nachdem er zunächst noch Offerten bei Mitbewerbern eingeholt hatte, wurden wir uns schließlich doch handelseinig. Zwar lag ich mit meinem Angebot nicht auf der untersten Ebene, offenbar gefielen ihm aber meine Ideen besser.

Da mein Auftraggeber darauf bestand, daß die Straße mit realistischem Verkehr in der gleichen Art wie beim besichtigten Faller-Modell in das Anlagenkonzept miteinbezogen wird und er außerdem auch einige Fahrgeschäfte im Bild haben wollte, blieb mir nichts anderen übrig, als mich weitgehend an die Infrastruktur der Faller-Anlage zu halten, zumal es sich nach dem Studium des mir aus den USA zugeschickten Grundrisses des Billardzimmers herausstellte, daß der Anlagenrahmen in den Maßen 6,60 × 1,40 m tatsächlich optimal in die als Standort vorgesehene Nische hineinpaßte. Auch die je 2,20 m langen Segmente der dreigeteilten Anlage, so versicherte mir der Kunde, könnten unter Berücksichtigung der vor Ort gegebenen Öffnungen problemlos in den Spielsalon verbracht werden, was ich jedoch nicht nachprüfen konnte.

Bei der Planung der Anlage suchte ich zunächst nach einer Lösung, die dem Kunden auch ein Mindestmaß an manuell gesteuertem Fahrbetrieb ermöglichte. So erweiterte ich das Bahnhofsareal um zwei Ladegleise mit direkter Zufahrt von außen.
Auf diese Weise konnte ich auch einen speziellen Kundenwunsch nach einer an einem Ladegleis etablierten Kohlenhandlung erfüllen.

Abbildung oben:
Blick auf die linke Bahnhofsausfahrt mit landwirtschaftlichem Lagerhaus und der Ansiedlung im Hintergrund.

Abbildung Seite 114:
Die viergleisige Bahnhofsanlage aus der Vogelperspektive. Vor der Betonmauer windet sich die Autostraße durch die Altstadt.

Er begründete dieses etwas sonderbare Verlangen damit, daß er als Besitzer mehrerer Minen vom schwarzen Gold lebe und einmal ganz klein mit einer Kohlenhandlung angefangen habe.

Im Gegensatz zur Faller-Anlage verlegte ich den Bahnhof und die dahinter angedeutete Vorstadt niveaugleich und unterführte den dortigen Straßenabschnitt. Den großen Meßplatz vor dem Bahnhofsareal verkleinerte ich zu einer Art Marktplatz, den ich mit einer weitgehend vorbildgetreu aufgebauten Kirchweihszene im Stil der fünfziger Jahre belebte, das heißt, ich beschränkte mich in der Auswahl auf die drei klassischen Fahrgeräte Riesenrad, Kettenkarussel und Schiffschaukel.
Inzwischen hatte Faller auch einige Oldtimer aus jener Zeit in das Car-System-Lieferprogramm aufgenommen, so daß es mit der zeitgeschichtlich richtigen Zuordnung der auf der Straße davor verkehrenden Fahrzeuge keine Probleme gab.
Vor allem aber unterschied sich diese Anlage von ihren beiden Vorgängerinnen durch die Landschaftsgestaltung. Weniger Gebäude und mehr Landschaft ergaben eine ausgewogene Gesamtwirkung. Für das Gebirge wählte ich den in Österreich und der Schweiz hauptsächlich vorkommenden Kalkschiefer zum Vorbild, dessen Felsenbilder ich aus Alabastergips formte und mit Bierlasur lasierte. Auf die Felsnase rechts im Mittelteil verzichtete ich zugunsten einer schroff ansteigenden Gebirgskette mit einer aus Heki-dur gestalteten Burgruine auf der höchsten Erhebung.
Die als Standort im Spielsalon vorgesehene Nische war in Wirklichkeit eine Dachschräge. Durch einen himmelblauen Vorhang, der hinter der Anlage aufgehängt wurde und den Rest der Nische verdeckte, entstand zwar kein richtiger Horizont, doch das dezente Blau ergab in Verbindung mit dem Faltenwurf des schweren Stoffes einen sehr angenehm wirkenden Hintergrund, der harmonisch mit der Farbgebung der Anlage korrespondierte.
Auch diese Anlage, die ich auf einem Skelett aus formgebenden Spanten aufbaute, hatte einen Leistengitterrahmen aus Kiefernholz, getragen von 12 Stahlrohrfüßen mit Niveauausgleich und

Abbildung oben:
Der Festplatz mit der Volksfestszene. Im Hintergrund erkennt man die vom Kunden gewünschte Kohlenhandlung am Ladegleis.

Abbildung links unten:
Das Gleisbildstellwerk in einem fahrbaren Stahlrohrgestell.

Zeichnung Seite 117 oben:
Gleisplan zu dieser Anlage in den Grundmaßen 660 × 140 cm.

Abbildung Seite 117:
Der rechte Anlagenteil mit Kalkschiefergebirge und Burgruine.

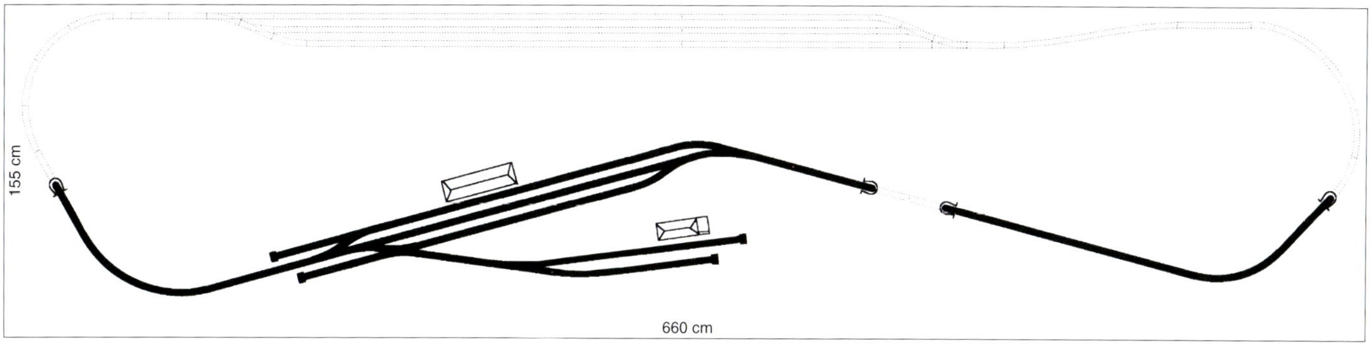
155 cm
660 cm

ALFRED TALKE
ALFRED TALKE

gummibereiften Lenkrollen. Auf diese Weise konnte sie im Störungsfall oder zur Durchführung der üblichen Wartungs- und Reinigungsarbeiten aus der Nische herausgezogen werden.
Die mit schwellenoberkantenbündig eingeschotterten Märklin-K-Gleisen ausgestattete und auf digitalen Fahrbetrieb ausgelegte Anlage, konnte wahlweise vollautomatisch oder manuell über ein Gleisbildstellwerk System Heki gesteuert werden.
Wie im Bild gezeigt, saß der über Kabel mit der Anlage verbundene Stelltisch auf einem ebenfalls fahrbaren, stabilen Stahlrohrgestell, das bei vollautomatischem Fahrbetrieb unter die Anlage geschoben werden konnte. Indem sämtliche Anschlüsse im Inneren des Stellpultes gut zugänglich auf eine Kontaktleiste gesteckt waren, war gewährleistet, daß sich auch ein nicht modellbahnorientierter Elektriker leicht zurechtfindet.
Diese Vorsorge, in Verbindung mit einer übersichtlichen Kennzeichnung durch ein ausgeklügeltes System, war mir wichtig, um im Störungsfall auch örtlichen Fachleuten den Zugang zur Schaltung zu erleichtern.
Wie sich später herausstellen sollte, hatte sich der geringe Mehraufwand gelohnt. Zwar lief die Anlage einwandfrei, doch irgendwann kam es an einer Gleisverbindung über einer Trennfuge, vermutlich als Folge der üblichen Verzugserscheinungen im Holzrahmen, zu einem Kurzschluß, der den gesamten Anlagenbetrieb lahmlegte.
Dank der übersichtlichen Kennzeichnung der Anschlüsse konnte ein völlig branchenfremder Elektriker in Verbindung mit dem Schaltplan den Störungsherd binnen einer halben Stunde orten, und mir blieb eine Reise in die USA erspart.
Nicht ganz so glatt verlief allerdings der Transport der Anlage. In drei schwere Überseekisten verpackt, trat sie ihre Schiffsreise in die Neue Welt an. Da sie, ausgestattet mit dem von den Steuerbehörden beglaubigten Zertifikat, als „Werk der bildenden Kunst" deklariert war, konnte sie steuerfrei in die USA eingeführt werden, und es gab auch bei der Ausfuhr aus dem New Yorker Zollhafen ins Landesinnere keinerlei Probleme. Die traten erst auf, nachdem die Teile am Bestimmungsort ausgeladen waren und man versuchte, sie in den Spielsalon zu transportieren. Es stellte sich nämlich heraus, daß die Durchgänge doch nicht groß genug waren.
Zunächst wurden zwei Türen im Untergeschoß herausgebrochen, aber es reichte trotzdem nicht. So blieb letztlich kein anderer Weg, als eine große Fensterfront in dem im zweiten Stockwerk gelegenen Spielsalon zu demontieren. Ein Kranwagen, den man eiligst von einer Mine herangeholt hatte, hievte die Elemente schließlich durch die ihrer Fenster beraubte Maueröffnung.

Abbildung oben:
Die Eisenbahnbrücke in der Anlagenmitte unmittelbar hinter der Bahnhofsausfahrt. Die unter der Bahnlinie hindurchführende zweispurige Autostraße trennt sich kurz vor den Tunneleingängen in zwei einspurige Fahrbahnen.

Abbildung Seite 119:
Bahnhof mit Bahnsteig aus der Vogelperspektive. Im Hintergrund erkennt man das Backsteingebäude einer Brauerei.

Brauerei
03

Ein Schaustück für hohe Ansprüche:

H0-Großanlage für das Rhein-Main-Modellbahnzentrum

Eines Tages erhielt ich Besuch von zwei sympathischen Leuten aus dem Hessischen; Vater und Sohn. Sie wollten bei mir eine größere Anlage bestellen und baten mich um entsprechende Vorschläge.
Während meines späteren Besuches bei den Interessenten besichtigte ich die als mögliche Standorte in Frage kommenden Räume in der sehr großzügig erbauten Villa.
Doch, wie so oft, fand ich kaum einen Raum, der als Standort für eine größere, betriebstechnisch einigermaßen interessante Modelleisenbahnanlage geeignet gewesen wäre, die die Ansprüche der beiden hätte befriedigen können.
Aber selbst wenn ich im Hobbyraum einen geeigneten Platz gefunden hätte, wäre es ein schier unlösbares Problem gewesen, die Anlagenteile durch die engen Türen und Gänge dieses Hauses dorthin zu verbringen, wo die Anlage aufgestellt werden sollte. Und ich war absolut nicht daran interessiert, nur der engen Durchgänge wegen eine größere Anlage in kaum quadratmetergroße Teile zu stückeln. Viele sicherlich sonst lohnende Aufträge hatte ich schon anderenorts aus dem gleichen Grund abgelehnt.
Doch die Interessenten gaben nicht auf. Sie führten mich in ein benachbartes Hochhaus, das ihnen ebenfalls gehörte, und zeigten mir einen großen leerstehenden Raum, der ein ganzes Stockwerk einnahm. Natürlich war ich begeistert. Auf dieser Fläche konnte man tatsächlich eine interessante Großanlage unterbringen, die der in Pfarrkirchen kaum nachstünde.

Andererseits traute ich mich kaum, die Kosten für ein solches Werk zu nennen, wenn man wirklich die zur Verfügung stehende Grundfläche hätte voll ausnutzen wollen. Und ich dachte auch daran, ob sich der Aufwand und nicht zuletzt auch der Mietausfall für den Raum, in dem man gut und gerne eine Luxuswohnung hätte unterbringen können, für eine lediglich durch die beiden zum Freizeitvergnügen genutzte Modellbahnanlage rechnet, zumal auch noch einige bauliche Veränderungen erforderlich gewesen wären.
So hatte der fast quadratische Raum von etwa 400 m² Grundfläche an zwei Wänden durchgehende Fensterflächen, die in dieser Form nicht als Stellflächen nutzbar waren. Als ich diesen Einwand

Abbildung oben:
Die rechte Bahnhofseinfahrt mit Reiterstellwerk.

Abbildung Seite 120:
Die linke Bahnhofsausfahrt mit Blick auf den hinteren Anlagenteil mit der Zahnradbahn.

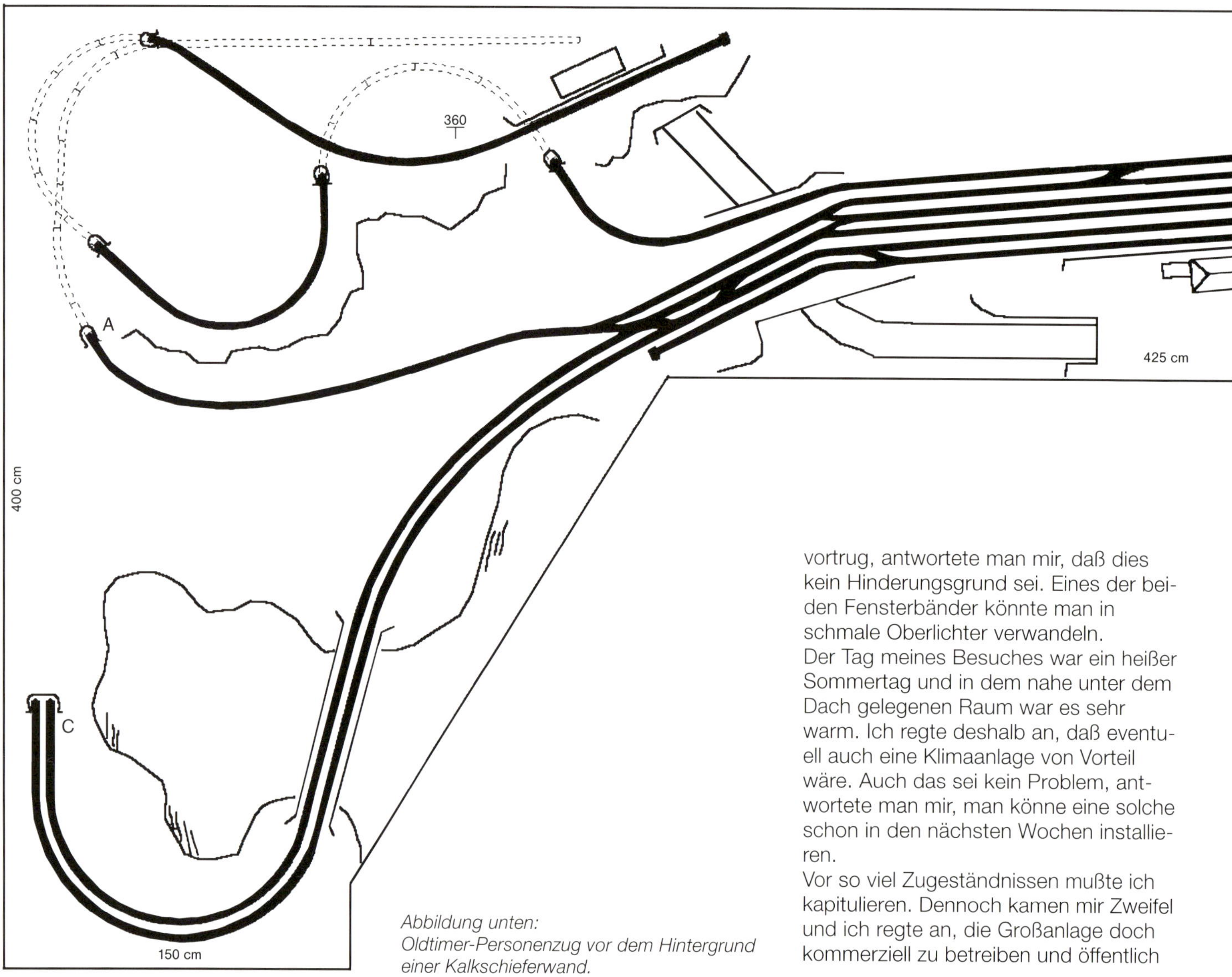

vortrug, antwortete man mir, daß dies kein Hinderungsgrund sei. Eines der beiden Fensterbänder könnte man in schmale Oberlichter verwandeln.
Der Tag meines Besuches war ein heißer Sommertag und in dem nahe unter dem Dach gelegenen Raum war es sehr warm. Ich regte deshalb an, daß eventuell auch eine Klimaanlage von Vorteil wäre. Auch das sei kein Problem, antwortete man mir, man könne eine solche schon in den nächsten Wochen installieren.
Vor so viel Zugeständnissen mußte ich kapitulieren. Dennoch kamen mir Zweifel und ich regte an, die Großanlage doch kommerziell zu betreiben und öffentlich

Abbildung unten: Oldtimer-Personenzug vor dem Hintergrund einer Kalkschieferwand.

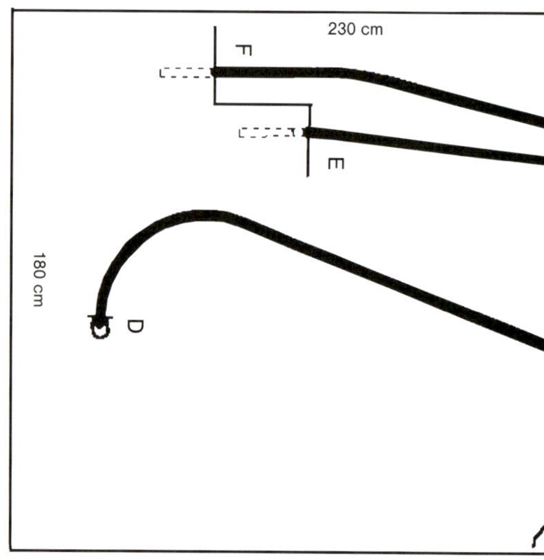

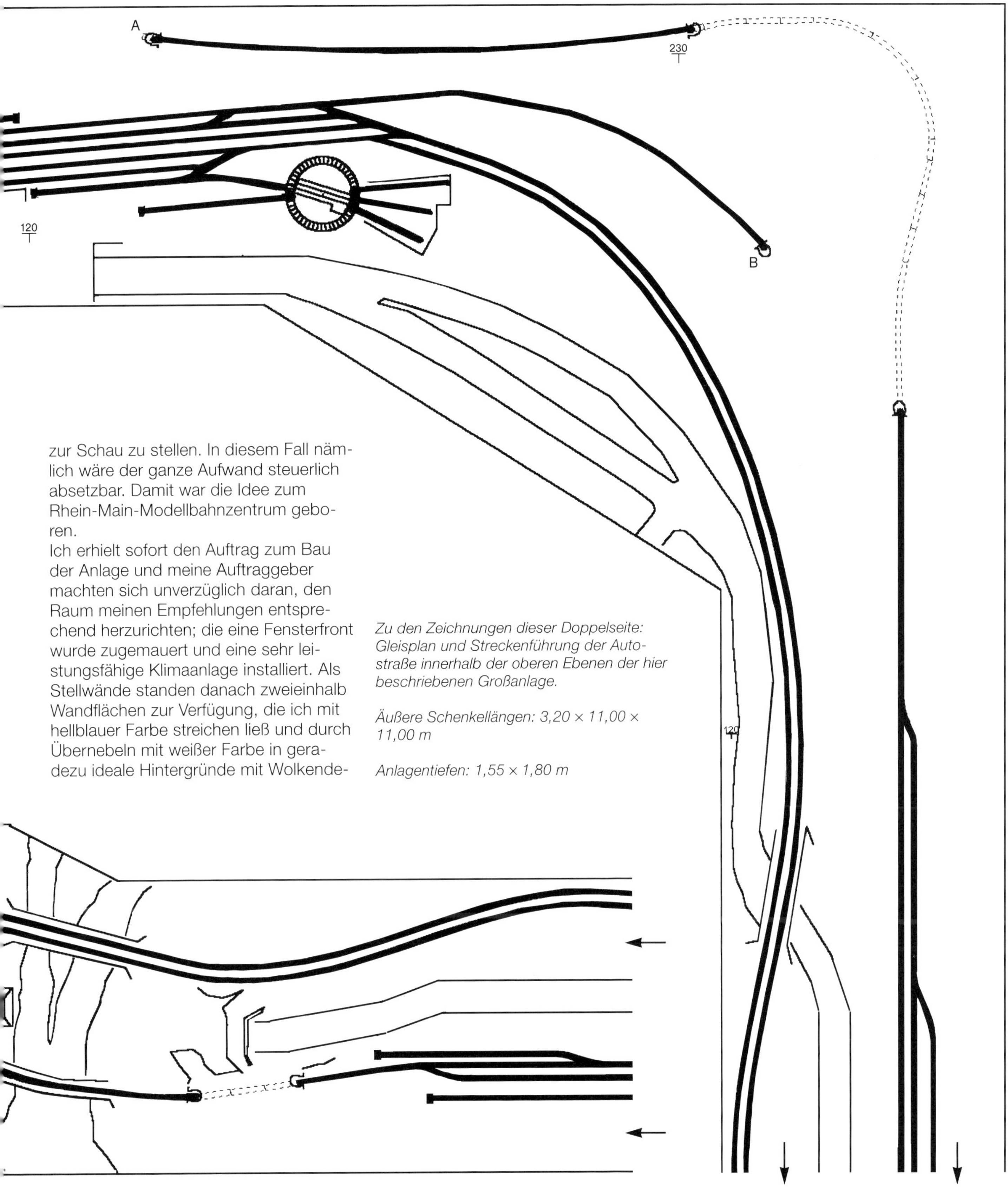

zur Schau zu stellen. In diesem Fall nämlich wäre der ganze Aufwand steuerlich absetzbar. Damit war die Idee zum Rhein-Main-Modellbahnzentrum geboren.

Ich erhielt sofort den Auftrag zum Bau der Anlage und meine Auftraggeber machten sich unverzüglich daran, den Raum meinen Empfehlungen entsprechend herzurichten; die eine Fensterfront wurde zugemauert und eine sehr leistungsfähige Klimaanlage installiert. Als Stellwände standen danach zweieinhalb Wandflächen zur Verfügung, die ich mit hellblauer Farbe streichen ließ und durch Übernebeln mit weißer Farbe in geradezu ideale Hintergründe mit Wolkende-

Zu den Zeichnungen dieser Doppelseite: Gleisplan und Streckenführung der Autostraße innerhalb der oberen Ebenen der hier beschriebenen Großanlage.

Äußere Schenkellängen: 3,20 × 11,00 × 11,00 m

Anlagentiefen: 1,55 × 1,80 m

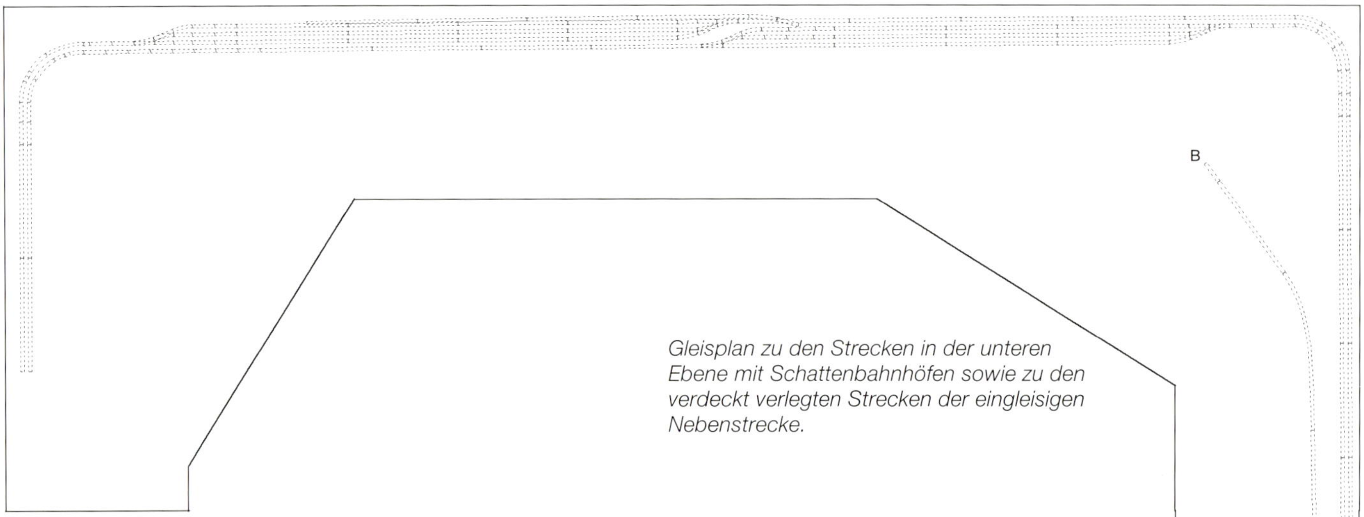

Gleisplan zu den Strecken in der unteren Ebene mit Schattenbahnhöfen sowie zu den verdeckt verlegten Strecken der eingleisigen Nebenstrecke.

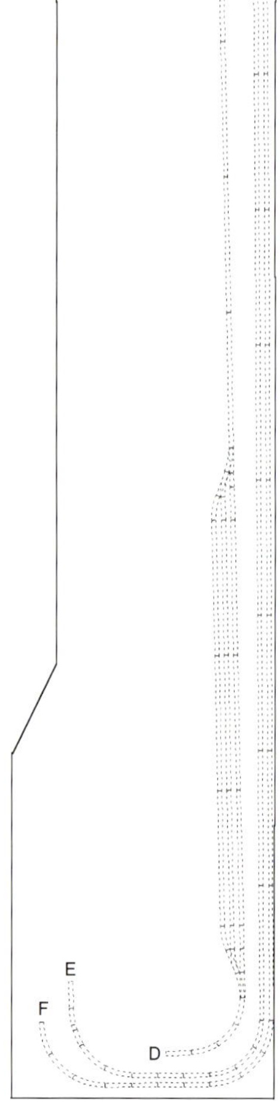

kor verwandelte. Auch die elektrischen Anschlüsse wurden dorthin verlegt, wo ich sie benötigte, und Tageslichtbänder an der Decke sorgten für eine optimale Ausleuchtung der Anlage.
Und nicht zuletzt wurde die Einrichtung unter der Firmenbezeichnung „Rhein-Main-Modellbahnzentrum" in das Handelsregister eingetragen. Was noch fehlte, war lediglich das Werk selbst. Bevor ich jedoch mit der Planung begann, gab es noch ein Hindernis in Form des sehr engen Treppenhauses, das zum Ausstellungsraum hinaufführte und die Unterteilung der Anlage in relativ kleine Segmente erfordert hätte.
Aber auch hier wußte mein Auftraggeber eine Lösung: Mit Anlieferung des Werkes sollte die noch verbliebene Fensterfront im Ausstellungsraum demontiert und die Anlagenteile mit dem großen Autokran eines mit der Familie befreundeten Unternehmens hochgehievt werden. So konnte ich die in der Abwicklung knapp 30 m lange und durchschnittlich 1,60 m tiefe Anlage in bis zu 2,50 m lange Seg-

Abbildung oben:
Rechte Bahnhofsausfahrt mit Reiterstellwerk und Nebenstrecke im Hintergrund.

Abbildung Seite 124:
Blick aus der Vogelperspektive auf das kleine Dampfbetriebswerk.

mente unterteilen. Insgesamt kam ich mit 14 Elementen aus.
Auf Wunsch meiner Auftraggeber sollten die auf der Anlage eingesetzten Züge auf Zweileiter-Gleisen verkehren und mit Gleichstrom betrieben werden. Wie bei der Pfarrkirchener Anlage war eine Computersteuerung vorgesehen, und die Firma Schapals sollte die Steuerung installieren.
Was die Wahl des Gleissystems anbetraf, schlug ich die mit Schienen aus Messingprofilen ausgestatteten H0-Modellgleise von Fleischmann vor. Der Hersteller hätte es natürlich lieber gesehen, wenn ich mich für das modernere H0-Profigleissystem mit Neusilberschienen und angeformten Gleisbettungen entschieden hätte. Sicherlich wäre mir damit der hohe Aufwand des schwellenoberkantenbündigen Einschotterns erspart geblieben. Allerdings konnte ich mit den handgefertigten Schotterbettungen eine erheblich bessere und vorbildnähere Optik erzielen. Entscheidend für meine Wahl für ausgerechnet dieses in Fachkreisen oft als antiquiert beurteilte Fleischmann-Modellgleissystem war für mich im Vergleich mit den Gleisen anderer Hersteller die Tatsache, daß diese Gleise über relativ hohe Schienenprofile verfügen. Doch bieten diese höheren Schienenprofile – was anderenorts oft als Nachteil gewertet wird – aufgrund der höheren Substanzreserven einen entscheidenden Vorteil. Besonders im Hinblick auf die Abnutzungserscheinungen bei Austellungsanlagen, die tagtäglich 7 Stunden im Betrieb sind.

Die Diskussionen über die Schienenprofilhöhen, die in der Gesamtoptik der Anlage, wenn überhaupt, kaum eine Rolle spielen, sind meiner Ansicht nach völlig überflüssig. Die Gleise mit maßstabgetreu nachgebildeten Schienen und Befestigungsmitteln sind oft sehr viel empfindlicher, und der Fahrzeugeinsatz beschränkt sich dort auf Modelle mit den entsprechenden Radsätzen. Bei der hier geplanten Ausstellungsanlage müssen jedoch Werterhaltung und Funktionssicherheit Vorrang haben, da man hier ja in Jahrzehnten rechnet. Meine Auftraggeber waren sofort mit meinen Vorschlägen einverstanden. Diese Entscheidung habe ich nie bereut: Während einer Betriebszeit von mehr als zwei Jahren mußte weder eine Weiche noch ein Weichenantrieb ausgetauscht werden.

Hinsichtlich der Planung ließen mir meine Auftraggeber weitgehend freie Hand. So wählte ich eine Art Voralpenlandschaft zum Vorbild, mit Gebirgszügen in wechselnden Gesteinsarten, ein Vorhaben, das nur auf einer so großen Anlage realisierbar ist.
Die Idee, diesmal mehrere Gesteinsarten auf ein und derselben Anlage darzustellen, entsprang jedoch keineswegs dem Ehrgeiz, das Repertoire meines künstlerischen Könnens unter Beweis zu stellen. Vielmehr resultierte sie aus dem Umstand, daß ich mit einem österreichischen Verlag einen Vertrag zur Herstellung einer Videoserie zum Thema „Modellbau nach dem Naturvorbild“ abgeschlossen hatte. Die erste Kassette sollte unter dem Titel „Gebirgsgestaltung“ erscheinen und nach dem von mir bereits geschriebenen Drehbuch die praktische Gestaltung von sieben verschiedenen, in Europa vorkommenden Gesteinsarten demonstrieren. Die Szenen dazu sollten in meinem Atelier unter Praxisbedingungen von einem Filmteam abgedreht werden.
Da die Firma Faller den Vertrieb für Deutschland übernommen und die siebenteilig geplante Serie in ihren Werbeschriften bereits angekündigt hatte, blieb keine Zeit mehr, die für den ersten Titel benötigten Szenen in Abhängigkeit der zu bearbeitenden Gesteinsarten an mehreren Anlagen zu drehen. So bot sich diese Großanlage förmlich dazu an, den Aufbau der noch fehlenden Gebirgsarten Gneis, Granit, Kalkschiefer und Deutscher Schiefer während der Arbeiten an dieser Anlage zu drehen.
Was die Gleisplanung anbelangt, ging ich von dem im Zentrum der mittleren Anlagenebene gelegenen, sechsgleisigen Verzweigebahnhof aus. Eine zweigleisige Ringstrecke, eine eingleisige Nebenstrecke sowie eine eingleisige Bergstrecke, die abschnittsweise mit Zahnstange ausgestattet ist, vereinigen sich in diesem Bahnhof. Er verfügt über zwei Seitenbahnsteige und einen Inselbahnsteig. Die nutzbaren Gleislängen

Abbildung oben:
Der sechsgleisige Hauptbahnhof mit den Bahnsteigen und der dem Empfangsgebäude gegenüberliegenden Vorhalle aus der Vogelperspektive

Abbildung Seite 126:
Der Hauptbahnhof mit Vorplatz und Empfangsgebäude.

von max. 5 m gestatten die Aufnahme von Schnellzügen mit bis zu acht Reisezugwagen. Die zweigleisige Magistrale zieht, links aus dem Bahnhof kommend, in einer weiten Schleife zunächst über eine Brücke im Gegenbogen an einem See vorbei, bevor sie bei C in den Berg tritt und in der unteren Ebene in einen Schattenbahnhof mündet, der in jeder Fahrtrichtung über jeweils drei Gleise zur Aufnahme von Zügen mit Längen bis zu 6 m verfügt.

Aus dem Schattenbahnhof nach rechts wegziehend, durchmißt sie unterirdisch die ganze Anlagenlänge, bis sie aus den beiden Tunnels E und F wieder, jeder Strang für sich, aus einer eigenen Röhre zu Tage tritt, um in eleganten Bögen über den ganzen rechten Anlagenschenkel hinweg, wieder dem Hauptbahnhof zuzuschnüren. Auch die nach links wegziehende und zunächst nur sanft ansteigende, eingleisige Nebenstrecke verschwindet kurz vor dem Anlagenende im

Abbildung oben:
Der kleine zweigleisige Bergbahnhof mit historischem Dampfzug.

Abbildung Seite 129:
Blick aus der Vogelperspektive auf die beiden Eisenbahntrassen und die Autostraße im rechten Anlagenschenkel.

Berg. Dort wendet sie sich nach rechts und tritt im mittleren Teil, inzwischen schon fast in Höhe der dritten Ebene, in einer Länge von nur knapp zwei Metern aus dem Gebirge. Danach wendet sie sich unterirdisch nach rechts. Unmittelbar danach verläßt sie wieder den dunklen Schlund und mündet bald in den in der dritten Ebene gelegenen, zweigleisigen Durchgangsbahnhof. Gleich dahinter unterquert sie eine Felsnase, zieht dann in elegantem Bogen über das Tal und taucht bei D am Anlagenende in den Berg. Unterirdisch kehrt sie dann in mäßigem Neigungswinkel, um bei B wieder hervorzukommen und in weitem Bogen in den Hauptbahnhof einzuschwenken.

Die links hinten wegziehende Bergstrecke führt teilweise mit Zahnradeingriff in engen Windungen zu der Endstation in der vierten Ebene hinauf. Auf dieser Bergstrecke findet lediglich Wendezug-

Abbildung oben:
Tunnel im Schiefergebirge.

Abbildung Seite 131:
Ein historischer Elektrotriebwagen umrundet das Schiefergebirge im rechten Anlagenschenkel.

verkehr mit einem Zug nach dem Vorbild einer historischen, dampfbetriebenen Zahnradbahn statt.
Die dort eingesetzte Kleinlokomotive rechtfertigt schließlich die kleine Dampflokbasis mit Drehscheibe und Lokschuppen, deren Einrichtung für größere Streckenlokomotiven nicht nutzbar ist.

Nur die zweigleisige Hauptstrecke wurde mit einer elektrischen Fahrleitung (Oberleitung) System Sommerfeldt überspannt. Wie bei den meisten meiner Anlagen erhielten jedoch nur die Strecken innerhalb der sichtbaren Anlagenbereiche eine Fahrdrahtüberspannung, unter Verwendung der moderneren Streckenmasten nach dem Vorbild der Deutschen Bundesbahn, wie sie ab etwa 1964 verwendet wurden. Spezielle Fangbügel an den Tunnelrückseiten drückten die Dachstromabnehmer der ausfahrenden Elektrolokomotiven auf das allgemeine Fahrdrahtniveau herunter.
Lediglich die Überspannung des Bahnhofs erfolgte mit Hilfe von Tragwerken, deren Maststandorte ich konsequent im Winkel von 90° zu den Gleismittelachsen auch an den Bogenansätzen der Bahnhofsenden in Abhängigkeit der günstigsten Fahrdrahtlängen festlegte.
Dies war nicht nur der besseren Optik wegen, sondern auch im Interesse einer korrekten Fahrdrahtverspannung notwendig. Die Fahrdrahtverspannung in-

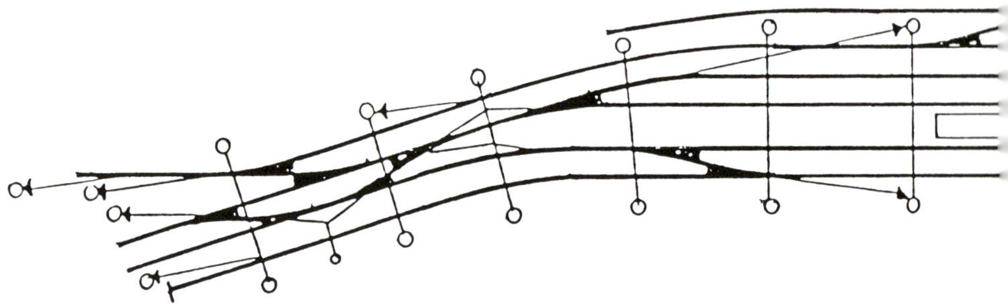

Schemazeichnung oben:
Fahrdrahtverspannung der Oberleitung im Hauptbahnhof.

Abbildung oben:
Vorbildlich gestalteter Bahnkörper mit installierter Oberleitung System Sommerfeldt.

Abbildung links:
Fangbügel an der Tunnelrückseite, der die Dachstromabnehmer der ausfahrenden Elektrolokomotiven auf das allgemeine Fahrdrahtniveau herunterdrückt.

Abbildung Seite 133:
Die Montage der Turmmasten gelingt leicht unter Verwendung einer Schablone aus Transparentpapier.

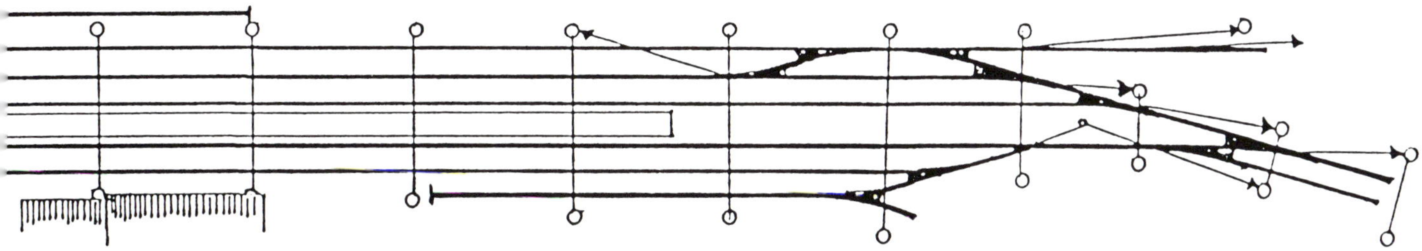

nerhalb des Bahnhofes erfolgte durch Federspannwerke, die an den Turmmasten der Quertragwerke befestigt waren – siehe Skizze. Zur Fahrdrahtverspannung über den Strecken genügten Spiralfedern, die ich an den Vertikalspanten hinter den Tunneleingängen mit Schraubösen befestigte.
Auf diese Weise konnte ich auf Spannwerke an den Strecken verzichten.
Integriert war auch eine zweispurig ausgelegte Autostraße, die im vorderen Anlagenteil die zweigleisige Magistrale begleitete.
Die in sich geschlossene Ringstrecke, auf der Faller-Car-System-Fahrzeuge verkehren konnten, entstand nach dem „Hundeknochenprinzip“ durch zwei im Untergrund verlegte Wendeschleifen.
Die zweispurig geführte Strecke war also bei dieser Anlage nur vorgetäuscht, da für zwei getrennte Ringstrecken der Platz in der unteren Ebene nicht ausgereicht hätte.
Da aber auch hier die Heki-Blockautomatik mit unter der Bahnhofsunterführung und in den Wendeschleifen verdeckt verlegten Stoppstellen Anwendung fand, wurde die Täuschung durch die hohe Verkehrsdichte der hintereinander fahrenden Autos vom Betrachter meist nicht bemerkt.
Durch die im Inneren des U-förmigen Anlagengrundrisses über den Ecken angesetzten Dreiecke war es möglich, die Streckenverbindungen in elegant weiten

Bögen zu gestalten. Allerdings war ich dadurch an der linken Seite gezwungen, auch den Seespiegel zu unterteilen. Trotz der sorgfältig ausgeführten Abdichtungen an beiden Seiten der Trennstellen, durch Vornageln von Holzleisten mit zwischengeklebtem Tesafilm, blieb die Fuge sichtbar, nachdem das Gießharz in den vorbereiteten Gewässergrund eingebracht worden und erstarrt war. Mit der genau über dem Spalt liegenden Brücke konnte ich jedoch diese kleine Unzulänglichkeit leicht tarnen.

Bei dem im rechten Anlagenteil gestalteten Gewässer handelt es sich um einen kleinen Stausee mit Turbinenhaus. Über einen seitlich angeordneten Umgehungskanal wird eine Hammerschmiede mit oberschlächtigem Wasserrad mit der notwendigen Antriebsenergie versorgt. Über das Tal weg zieht die allerdings hier nicht ganz vorbildgetreu eingesetzte, dreiteilige Stahlträgerbrücke. Auch hier verwendete ich Faller-Gießharz zum Ausgießen der verschiedenen entsprechend vorbereiteten Gewässergründe.
Die Wasserschwälle entstanden aus Heki-Seefolie, die ich unter Wärmeanwendung (Fön) entsprechend formte und zunächst mit Stecknadeln fixierte. Durch Übergießen mit dem zur Gewässergestaltung benutzten Gießharz erhielten sie ihre endgültige Festigkeit.

Abbildung oben:
Aufnahme vom achten und neunten Element während der Rohbauarbeiten.

Abbildung Seite 134:
Blick auf den Fluß und die beiden Eisenbahnbrücken im rechten Anlagenschenkel.

Die Auftraggeber hatten zwischenzeitlich umdisponiert. Sie wollten, entgegen ihrem ursprünglichen Konzept, die Anlage nun im Erdgeschoß unterbringen, wo noch Nebenräume und ein großes Lager zur Verfügung gestanden hätten. Sie dachten daran, einen Teil des hier vorhandenen größeren Raumangebotes für ein Modellbahnfachgeschäft zu nutzen. Der Pächter hätte gleichzeitig auch die Anlage mieten und auf eigene Rechnung kommerziell betreiben können. An der Peripherie des Großraums Frankfurt, nur wenige U-Bahn-Minuten vom Stadtzentrum oder vom Flughafen entfernt, wäre dieses Vorhaben sicherlich sehr erfolgreich gewesen.
Allerdings fand sich trotz mehrerer Inserate in den großen überregionalen Medien kein einziger Bewerber, weshalb man die Idee wieder verwarf. Zum Zeitpunkt der Auslieferung der fertigen Anlage hielt man sich wieder an das alte Konzept: Die an der Nordseite verbliebene Fensterfront war demontiert, und der große Autokran hob die Elemente unter reger Anteilnahme der Bevölkerung in die Höhe des vierten Stockwerks, wo sie von fachkundigem Personal in Empfang genommen und durch die ihrer Fenster entblößte Maueröffnung balanciert wurden.
Nachdem die Anlage aufgestellt und die Probefahrten erfolgreich abgeschlossen waren, fiel die offizielle Abnahme eher bescheiden aus, denn inzwischen hatten die Behörden die uneingeschränkte Nutzung untersagt, da der Zugang zu dem so schön gestalteten Raum den feuerpolizeilichen Erfordernissen in vielen Punkten nicht entsprach und die Auflagen technisch nicht realisierbar waren.
Gerügt wurde ferner das Fehlen einer öffentlich zugänglichen Toilette. So durfte die Einrichtung nur unter hohen Auflagen und stark eingeschränkt genutzt werden.
Außerdem fand sich trotz intensiver Suche niemand, der die Anlage bedienen wollte. Freiwillige aus den Reihen des eigenen Personals bedienten die Anlage schließlich.
Die Öffnungszeiten waren allerdings auf wenige Stunden an den Wochenenden beschränkt. Kaum zwei Jahre später wurde das Rhein-Main-Modellbahnzentrum geschlossen. Heute wird die Anlage nur noch privat genutzt und ist nicht mehr öffentlich zugänglich.

Abbildung oben:
Die über den Badesee führende Eisenbahnbrücke im linken Anlagenschenkel.

Abbildung Seite 137:
Ein Schnellzug in der gelbblauen Lackierung der siebziger Jahre vor dem Schiefergebirge im rechten Anlagenschenkel.

Für eine Filmszene gestaltet:

HOm-Diorama „Landwasser-Viadukt"

Bereits acht Jahre früher hatte ich ein Diorama nach dem Vorbild des berühmten, in der Schweiz bei Filisur gelegenen Landwasser-Viaduktes für eine Filmszene gebaut – siehe Seite 16.
Auch diesmal gestaltete ich das Modell zum Drehen einer Filmszene; allerdings für meine eigene Serie „Modellbau nach dem Naturvorbild". Dabei ging es vordringlich darum, den Aufbau und das Modellieren des typischen Kalkgebirges in allen Arbeitsschritten vor laufender Kamera in Szene zu setzen, ebenso die Ausführung der Lasurarbeiten an dem doch recht schwierig nachzubildendem Gestein. Letztlich diente das fertige Modell auch zur Demonstration der Zugfahrten.

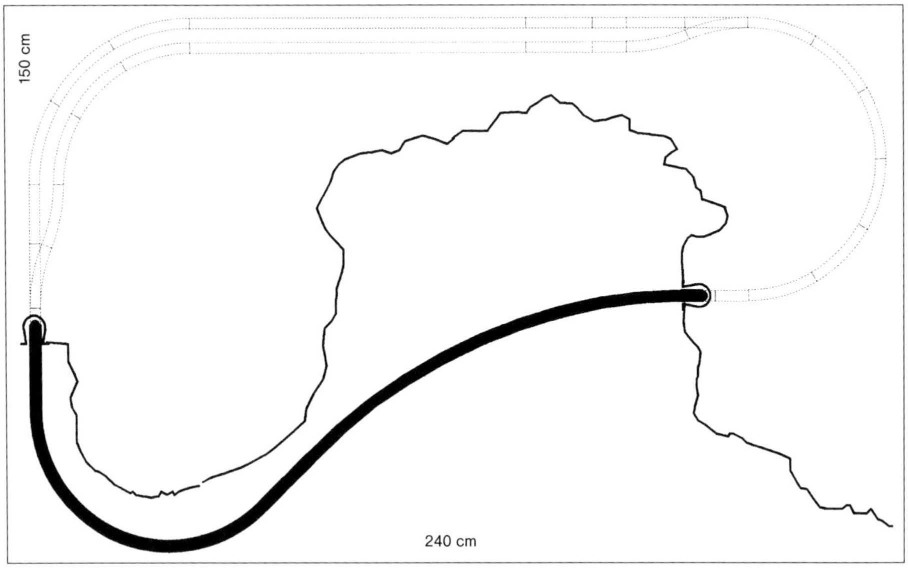

Im Gegensatz zu dem für den Spielfilm „Liebe, Tod und Eisenbahn" gebauten Diorama, plante ich hier einen zweigleisigen, im Untergrund verdeckten Ausweichbahnhof (Schattenbahnhof) ein, um vollautomatisch gesteuerten Fahrbetrieb mit zwei Zügen in jeweils wechselnden Richtungen durchführen zu können.
Dies war nicht nur für die Dreharbeiten von Vorteil. Die Anlage konnte danach auch noch durch die Firma Heki als Schaustück während der Internationalen Spielwarenmesse 1995 in Nürnberg genutzt werden. Dort wurde sie gleichzeitig zum Verkauf ausgeschrieben und vom Rhein-Main-Modellbahnzentrum übernommen.

Alles in allem war dieses betriebsfähige Diorama im Vergleich zur ersten Version die bessere und schönere Arbeit, denn ich konnte hier beispielsweise das Portal der in die Felswand hineinführenden Tunnelröhre in den korrekten Maßen nachbilden, ohne Rücksichtnahme auf eine Männerhand, die damals laut Drehbuch durch den Gewölbeansatz mußte.
Ferner konnte ich den aus Sperrholz hergestellten und mit Heki-dur-Modellbauplatten verkleideten Viadukt in realistisch weitem Bogen gestalten.

Auch für dieses Modell verwendete ich die Original-RhB-Oberleitung von Sommerfeldt. Wie bei nahezu allen meinen mit Fahrleitungen ausgestatteten Anlagen, wurden die Fahrdrähte hinter den Tunnelröhrenansätzen mit Spiralfedern verspannt. Gleichzeitig sorgten an den Tunnelkonstruktionen rückseitig angebrachte Fangbügel dafür, daß die Dachstromabnehmer der aus dem Gebirge fahrenden Elektrolokomotiven, die im Untergrund ohne Oberleitung und mit ausgefahrenen Pantographen verkehrten, auf das allgemeine Fahrdrahtniveau heruntergedrückt wurden.

Erstmals wurden bei dieser Anlage auch neue Schaltrelais von Heki zur vollautomatischen Schattenbahnhofsteuerung eingesetzt, die auf Spannungsabfall oder Spannungsanstieg reagierten, und die außerdem auch noch individuell auf Schaltverzögerungen von 0 bis 90 Sekunden programmiert werden konnten. Die Geräte arbeiteten über die gesamte Ausstellungszeit hinweg störungsfrei. Allerdings mußte man nach dem allmorgendlichen Einschalten einige Tricks anwenden, bis die Bahn wieder im richtigen Rhythmus lief.
Während das erste Modell vom Landwasser-Viadukt nach den Filmaufnahmen vermutlich auf der Müllkippe landete, als es nicht mehr benötigt wurde, befindet sich diese zweite Kleinanlage heute in Privatbesitz.

Schemazeichnung oben:
Gleisplan zu dem hier beschriebenen Diorama in den Grundmaßen 240 × 150 cm.

Abbildung Seite 139:
Der Landwasser-Viadukt im Modell mit RhB-Güterzug und vorgespanntem Krokodil.

Milka
ARGE Frischbetonwerk AROSA
8742

Schweizer Eisenbahnromantik im Modell:

Zweispurig gestaltete Industrieanlage für die Spielwarenmesse

Eigentlich erhielt ich den Auftrag zu dieser schönen Anlage nach schweizerischem Vorbild von einem Privatmann. Da jedoch um jene Zeit, im Spätjahr 1997, keine Schauanlage für den Heki-Messestand zur Internationalen Spielwarenmesse des kommenden Jahres verfügbar war, wurde das fertige Modell zunächst als Ausstellungsanlage genutzt. Zum Ausgleich stellte die Firma Heki das Dekorationsmaterial zur Verfügung und übernahm außerdem auch den Transport der Anlage von Nürnberg bis zum endgültigen Standort im niederbayerischen Rottal.

Der Kunde wünschte sich eine H0-Anlage nach schweizerischem Vorbild, die hinreichende Fahrbetriebsmöglichkeiten bieten sollte. Allerdings beschränkte sich die im Hobbykeller vorhandene Stellfläche auf knappe acht Quadratmeter, bei einer Längsseite von gerade einmal fünf Metern.
Das eigentliche Problem war aber auch hier der extrem schmale Zugang in einem restaurierten historischen Bauernhaus.
Die Lösung fand ich schließlich in Form einer raffinierten Unterteilung der Anlage in vier Elemente, wobei ich jedoch den Rahmen nur zweimal teilte und das vierte Teil als fix und fertig gestaltetes Gebirgsmassiv auf einer eigenen Basisplatte zum Aufsetzen mitsamt einer eigenständigen Schmalspur-Ringstrecke nach dem Vorbild der Rhätischen Bahn plante. Indem ich das linke Basiselement auf 2,10 m verlängerte und die vordere Ecke durch ein vorgesetztes Dreieck erweiterte, konnte ich den am Standort zur Verfügung stehenden Platz optimal für beide Trassen nutzen.
Das Gleisbild der Schmalspurbahn bestand zwar lediglich aus einem einfachen Oval, doch diese zweite Spur bereicherte die Szenerie der kleinen Anlage um einen weiteren interessanten Effekt.
Auch die Vollspurbahn plante ich als zweigleisige Ringstrecke nach dem Vorbild der Schweizerischen Bundesbahn (SBB) mit einer in sich verschlungenen Wendeschleife im rechten Anlagenteil.
Im Zentrum der Anlage sah ich einen dreigleisigen, betont ländlichen Bahnhof mit Ladegleis vor.

Abbildung oben:
Blick auf das Zentrum der Anlage mit Bahnhof und Schmalspurbahn im Hintergrund.

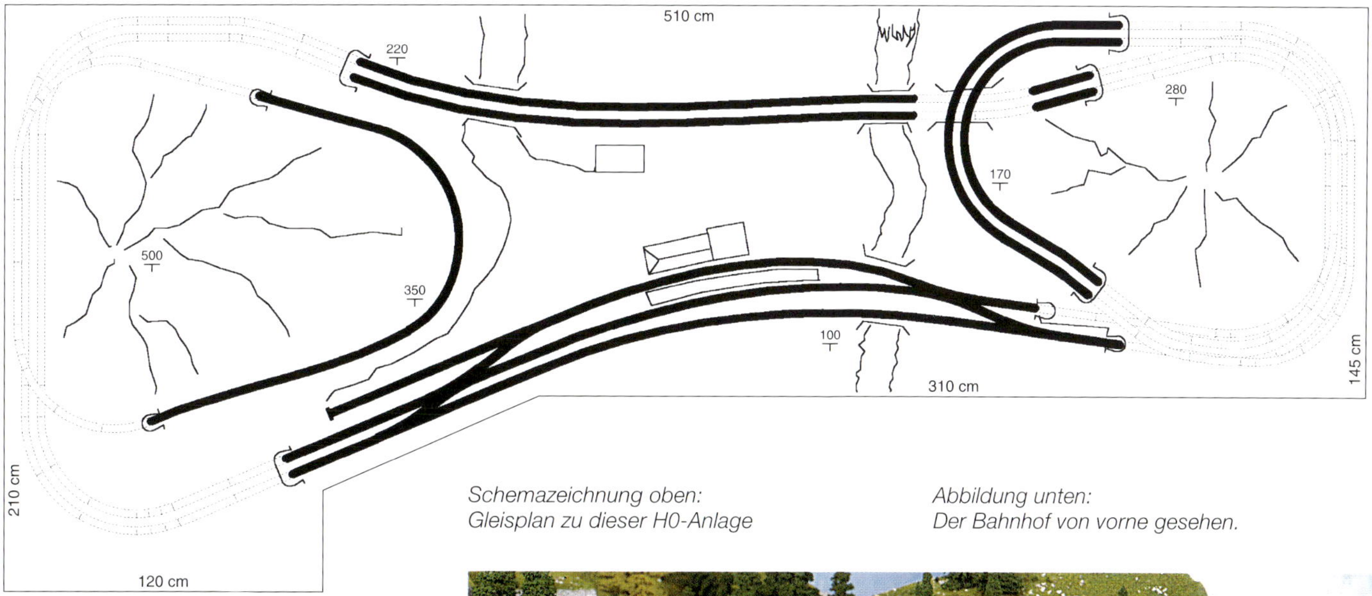

Schemazeichnung oben:
Gleisplan zu dieser H0-Anlage

Abbildung unten:
Der Bahnhof von vorne gesehen.

Wie aus dem Plan hervorgeht, taucht die zweigleisige, nach links wegziehende Strecke ins Gebirge und kommt im hinteren Teil nach mäßigem Anstieg wieder zum Vorschein. In elegantem Schwung überquert sie dann das Tal und tritt in das rechte Gebirge, nachdem sie die Scheitelhöhe von 280 mm erreicht hat. Von da ab neigt sie sich wieder, um, als Schleife aus dem Tunnel kommend, den Berg zu umrunden, die über das Tal hinwegziehende Trasse zu unterkreuzen und danach wieder zum letzten Mal in die dunkle Röhre rechts hinten zu schnüren. Erst kurz vor dem Bahnhof kommt sie schließlich vorn, jeder Strang jedoch für sich, aus einem eigenen Tunnel.
Streng nach dem Vorbild der Schweizerischen Bundesbahn ist die Anlage auf Linksverkehr ausgelegt. Die ebenfalls links am Gleis aufgestellten Lichtsignale nach Schweizer Vorbildern stammen aus dem Schneider-Sortiment.
Auf Wunsch des Kunden verwendete ich für die Vollspurbahn Gleise des Rocoline-Systems, jedoch ohne angeformte Bettungen. Wie bei den meisten anderen Anlagen verlegte ich die Zweileiter-Gleise auf Heki-Korkgleisbettungen und schotterte sie schwellenoberkantenbündig unter Verwendung von Heki-Latex 3342 und natürlichem Steinschotter ein.
Für die im Gebirgsaufsatz installierte, eingleisige Schmalspurbahn wählte ich Bemo-H0m-Gleise (12 mm), die ich ebenfalls innerhalb des sichtbaren Be-

reichs mit Natursteinschotter schwellenoberkantenbündig einschotterte. Den Gebirgsaufsatz hatte ich so konzipiert, daß die Schmalspurtrasse beim Transport nicht getrennt werden mußte.
Beide Bahnen überspannte ich innerhalb der sichtbaren Bereiche mit einer elektrischen Fahrleitung. Die hierbei verwendeten Streckenmasten und Tragwerke aus dem Programm der Firma Sommerfeldt entsprachen genau ihren Vorbildern. Die Schmalspurbahn stattete ich mit den etwas kürzeren Streckenmasten nach RhB-Vorbild aus, die Vollbahn erhielt Masten und Tragwerke nach dem Vorbild der jüngsten SBB-Generation.
Eine Besonderheit an den Streckenmasten nach schweizerischen Vorbildern ist, daß diese bei beiden Bahngesellschaften im Gebirge und an eingleisigen Strecken ausschließlich an der Hangseite aufgestellt werden dürfen. Dies gilt auch für solche Kurven, in denen die Fahrdrahtverspannung über dem äußeren Gleisbogen erfolgen muß. Für diese speziellen Fälle sind die feuerverzinkten Masten mit verlängerten Auslegern ausgestattet, die durch einen Spannbügel verstärkt sind.
Wie in den hier gezeigten Abbildungen deutlich erkennbar ist, habe ich auch diese Eigenheit berücksichtigt.

Auch bei dieser Anlage verspannte ich die Strecken lediglich innerhalb der sichtbaren Anlagenbereiche. Hinter den Tunnelröhren angebrachte Fangbügel drückten die Dachstromabnehmer der ausfahrenden Elektrolokomotiven auf das allgemeine Fahrdrahtniveau herunter. Für beide Bahnen hatte ich konventionell gesteuerten Gleichstromfahrbetrieb vorgesehen. Die Schmalspuranlage lief autonom, gespeist über einen eigenen Trafo. Ein Aufenthaltsschalter sorgte dafür, daß die Bahn im Berg etwa 90 Sekunden anhielt und der Motor in der Lokomotive abkühlen konnte. Beim Nachbau dieser Anlage könnte man auch an ein im Gebirge verstecktes, zusätzliches Ausweichgleis denken.
So ausgestattet, wäre auch vollautomatisch gesteuerter Zweizugbetrieb in stetig wechselnden Fahrtrichtungen möglich.
Die Steuerung der Vollbahn erfolgte halbautomatisch über ein Gleisbildstellwerk System Heki. Die zweigleisige Hauptstrecke war jeweils in jeder Fahrtrichtung in fünf Blockstreckenabschnitte unterteilt. Zum Einsatz kamen die neuen Heki-Universalmodule, die auch in Verbindung mit beleuchteten Zügen und Doppeltraktionen funktionsgerecht arbeiten.
Die Landschaftsgestaltung betreffend, stellte mein Kunde besondere Ansprüche. Er verfügte bereits über eine große Sammlung von Modellbahnzügen nach schweizerischen Vorbildern, darunter auch sehr teuere Kleinserienanfertigungen, die er auf dieser Anlage einsetzen wollte.
Zwar konnte ich ihm auf der zur Verfügung stehenden Fläche nicht den Wunsch nach realistisch weiten Gleisbogenradien erfüllen. Doch mit der Landschaftsgestaltung hatte ich mir dann viel Mühe gegeben.
Zum Vorbild nahm ich mir eine Voralpenlandschaft mit dem für die Zentralschweiz typischen Kalkschiefergebirge. Nachdem am vorgesehenen Standort die mir inzwischen bekannten Voraussetzungen für die Vermehrung des Liptuskäfers nicht gegeben waren, wagte ich es erstmals wieder, das bewährte Abachi-Holz für den Anlagenrahmen zu verwenden. 12 Stahlrohrfüße mit Lenkrollen und Niveauausgleich sorgten nicht nur für einen sicheren Stand, sondern auch für die notwendige Mobilität, um den allseitigen Zugang zu den Strecken auch

Abbildung oben:
Ein Güterzug auf dem vorbildlich gestalteten Bahnkörper.

Abbildung Seite 142:
Ein Güterzug der RhB umrundet das Kalkschiefergebirge.

von der Rückseite her zu gewährleisten. Das Gebirge entstand aus Modellgips auf dem üblichen Gerüst einer soliden Spantenkonstruktion, wobei ich die vormodellierten Felsenbilder mit Messer, Stechbeitel und Sgraffito-Schlingen nachbearbeitete. Das endgültige Finish erhielten die Felsenbilder durch mehrfaches Überlasieren mit Acrylfarben, die ich mit Malzbier entsprechend verdünnte. Durch die Verdünnung mit Bier wird gewährleistet, daß die Farbe nicht zu sehr ausmagert und außerdem auch zur Bearbeitung länger offen bleibt.
Auf Wunsch des Kunden gestaltete ich die Vegetation in frühherbstlichen Farben. Wie in den Abbildungen erkennbar ist, sind die Blätter an einigen Bäumen bereits gegen Goldocker hin verfärbt, während die mit synthetischen Grasfasern im elektrostatischen Verfahren aufgebrachten Wiesenflächen immer noch in saftigem Grün stehen.
Die im linken Anlagenteil am Hang mit Modellgips gezogene Betonstützmauer diente gleichzeitig als Anschlagfundament für das von oben aufgesetzte Gebirgsstück mit der Trasse, auf der die Schmalspurbahn verkehrt.
Dieses Teil konnte jederzeit leicht abgenommen werden, um die anfallenden Reinigungsarbeiten an den unterführenden Streckenabschnitten der Vollspurbahn durchführen zu können.
Die Anlage ist auch heute noch in Privatbesitz und für die Öffentlichkeit nicht zugänglich.

Ingenieurskunst im Modell:

H0-Diorama mit Bietschtalbrücke

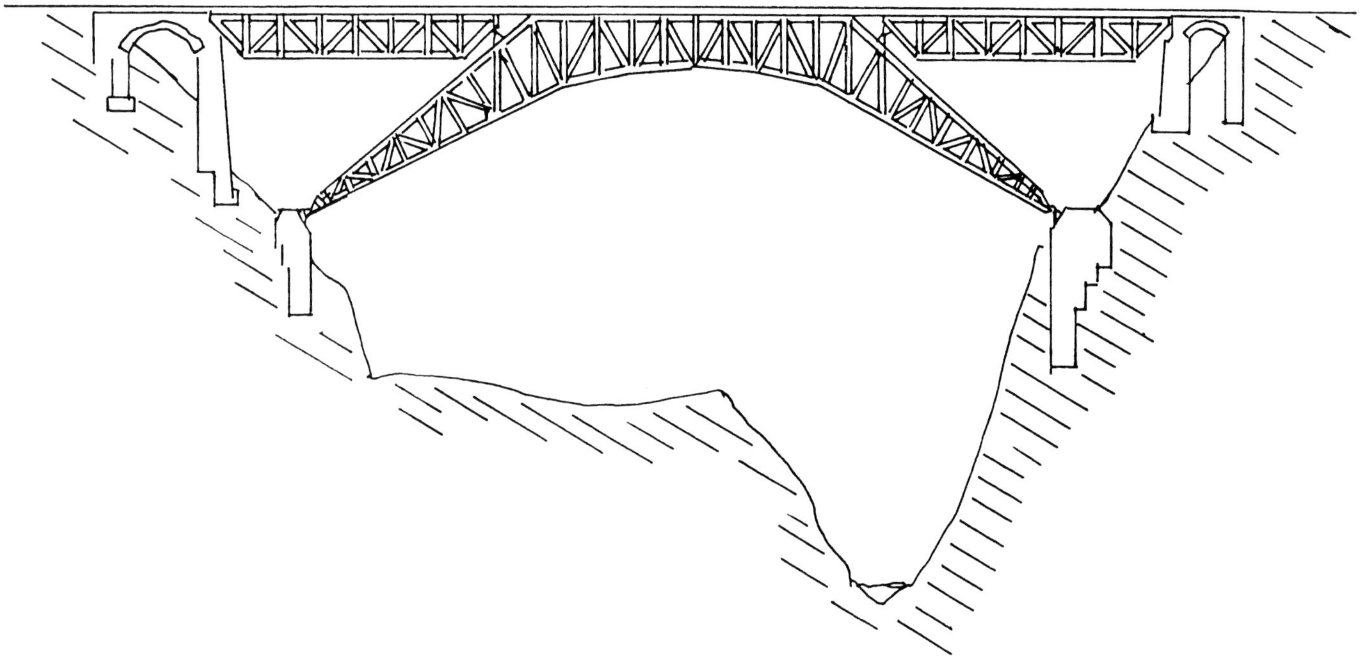

Als ich noch für das Haus Faller freiberuflich tätig war, zählte es mit zu meinen Aufgaben, beachtenswerte Architekturen, die ich während meiner von mir durchgeführten Bannerflüge oder aber vom Auto aus entdeckte, der Geschäftsleitung als meiner Ansicht nach geeignete Vorbilder für neue Modellbausätze vorzuschlagen.

Die meisten Vorschläge verschwanden in irgendeinem Archiv. Doch einige Objekte, wie beispielsweise der Neustadter Bahnhof, die Mannheimer Feuerwache oder das Empfangsgebäude zum Bahnhof Güglingen, brachten es über das Diskussionsstadium hinaus bis zu Serienmodellen. Und diese waren durchweg recht erfolgreich.

Einer der umstrittensten meiner Vorschläge war die Bietschtalbrücke, ein sicherlich imposantes Bauwerk, das sich aber nach Ansicht einiger Experten aufgrund seiner Größe als H0-Modellbausatz nicht eigne. Sie glaubten, schon aufgrund der Länge von über einem Meter fände dieses Brückenmodell keine nennenswerten Absatzchancen, mit der Bemerkung: Wer hat schon so viel Platz auf einer Heimanlage?

Offen gestanden, war ich selbst nicht ganz überzeugt von meiner Meinung, daß das Modell der Bietschtalbrücke ungeachtet seiner Größe ein Verkaufserfolg werden könnte. Sicherlich gibt es nur wenige Modelleisenbahner, die eine Möglichkeit finden, dieses Riesenmodell in das Gestaltungskonzept ihrer Heimanlage einzufügen, und der Bedarf der professionellen Anlagenbauer dürfte kaum über einige hundert Bausätze hinausgehen.

Doch meine alljährlichen Erinnerungen, die Bietschtalbrücke in das Lieferprogramm aufzunehmen, hatten schließlich insofern Erfolg, als man während der Internationalen Spielwarenmesse 1996 den Prototyp vorstellte, nicht ohne den Vorbehalt, die Sache wieder abzublasen, falls die Resonanz nicht den üblichen Erwartungen entspräche. Doch allen Unkenrufen zum Trotz wurde der Bausatz schon im ersten Jahr ein Verkaufsschlager. Mitverantwortlich für den unerwartet guten Abverkauf beim Fachhandel wahr wohl auch, daß viele Modellbahnfreunde das herrliche Stück als Vitrinenmodell benutzen, um ihren Lieblingszug darauf zu präsentieren.

Ohne Zeifel zählt das Vorbild mit zu den schönsten historischen Brückenkonstruktionen Europas.

Sie steht an der Lötschberg-Südrampe zwischen Goppenstein und Brig (Schweiz) und ist auch heute noch weltweit die einzige Stahltragwerkbrücke, die speziell zur Aufnahme eines im Bogen verlegten Streckenabschnittes konstruiert wurde.

Skizze oben:
Aufriß der Brückenkonstruktion nach einem Plan der BLS.

Abbildung Seite 145:
Ein Güterzug der Bern-Lötschberg-Simplon-Bahn verläßt das östliche Tunnelportal.

SHELL
Esso

Das 136 m lange Bauwerk – mit einer Bogenstützweite von 96 m – besteht aus drei Teilen: dem mittleren, fest im Gebirge verankerten Bogenteil und den beiden seitlich im Winkel von 8° der mittleren Strecken-Bogen-Tangente entsprechend gedreht angeordneten Seitenteilen, die verschieblich in den gemauerten Brückenköpfen gelagert sind. Diese bereits zu Beginn des zwanzigsten Jahrhunderts entwickelte Konstruktion galt aufgrund ihrer hohen Eigenelastizität zum Überspannen der aus unterschiedlichen Gesteinsarten bestehenden Schlucht (Mergel, Granit und Jurakalk) als besonders sicher.
Von den damaligen Eisenbahningenieuren sehr gefürchtet, waren in diesen Landschaften aus Gebirgen unterschiedlicher mineralogischer Beschaffenheit mögliche tektonische Verschiebungen. Der Bau eines massiv gemauerten Viaduktes hätte also an dieser Stelle, in Ermangelung ausreichender Elastizität, ein zu großes Risiko bedeutet. Die spezielle Art der verwendeten Stahlkonstruktion gewährleistete außerdem eine weitgehend ausgeglichene Lastverteilung unter den besonderen Bedingungen der im Bogen geführten Gleise.
Die vom Ausgang des Frutikertunnels der Lorenzschlucht entlang bis ins Rhônetal hinunterführende BLS-Südrampe gilt auch heute noch in Fachkreisen als ein vielbeachtetes Wunderwerk der Eisenbahn-Streckenbautechnik.
Im wahrsten Sinne des Wortes wurde die nur 17 km lange Trasse in die schroffen Felswände hineingetrieben, und kaum eine andere Linie in der Schweiz verfügt über eine so hohe Dichte an Kunstbauten je Streckenkilometer. Unter den zahlreichen Tunnels, Viadukten und Lawinenfangwehren befindet sich auch der berühmte kurze Viktoriatunnel, der unter einem Felskopf hindurch gebaut wurde. Angeblich soll er dem Profil der einstigen englischen Königin gleichen Namens sehr ähnlich gewesen sein.

Das wirklich gut gelungene Faller-Modell der Bietschtalbrücke hat eine Bogenstichhöhe von 0,15 m und eine Gesamtlänge von knapp 1,10 m.
Allerdings kann sie nur bei gerader Streckenführung zweigleisig belegt werden. Meine wiederholte Forderung, daß man doch die beiden Seitenteile dem Vorbild entsprechend um 8° schwenkbar gestalten solle, war nach Angaben der Konstrukteure im Hause Faller technisch nicht realisierbar. Nun, es mag sogar sein, daß ein solcher Bogen im Modell optisch eher nachteilig gewirkt hätte.
Mit dem hier im Bild gezeigten Diorama habe ich den Versuch unternommen, das Faller-Modell der Bietschtalbrücke in die dem Vorbild entsprechende Geländetopografie einzufügen. Ich arbeitete dabei nach einer Skizze aus dem Archiv der BLS, die mir in Fotokopie vorlag. Dieses Diorama benötigte ich auch zur Herstellung des Titelfotos für eines meiner Werkbücher. Glücklicherweise erklärte sich die Firma Faller bereit, das Modell mit einer Grundfläche von 2,00 × 1,00 m als Werbeschaustück zu übernehmen.
Der Einbau des zuvor zusammengebauten Modells erfordert große Genauigkeit. So fertigte ich zunächst ein maßgenaues Sperrholzgerüst, in das ich das Modell einpaßte. Um ein späteres Durchhängen der Brückenkonstruktion zu vermeiden, ist es wichtig, die Fundamente des Mittelteils so auszurichten, eventuell durch Unterlegen von lackierten Kartonstreifen, daß die Konstruktion unter Spannung steht. Im Idealfall sollte die mit einem schweren Zug belastete Brücke eine korrekte Horizontale bilden, was ich mit Hilfe einer Richtleiste aus Aluminium kontrollierte. Unter Zuhilfenahme eines Stahlwinkels lotete ich auch die Senkrechtlage, die bei diesem Bauwerk kompromißlos stimmen muß.

Denn über eines muß man sich im klaren sein, auch die geringsten Schwankungen des überfahrenden Zuges um seine Hoch- oder Vertikalachse würden auf dieser Brücke jede Illusion von Erhabenheit und Eleganz zunichte machen.
Die passenden Oberleitungsmasten nach SBB-Vorbild fand ich im Sortiment der Firma Sommerfeldt. Hinreichend gute Befestigungsmöglichkeiten ergaben sich jeweils am äußersten Rand der Fußgängerstege, wo ich die Bohrungen in Linie des Geländers anbringen konnte. Allerdings boten die betreffenden Plastikteile aufgrund ihrer Eigenelastizität keinen ausreichenden Halt.
Das Problem löste ich, indem ich dünne Aluminiumstäbchen unter Verwendung

von Zweikomponentenkleber unterleimte. Die Fahrdrähte verspannte ich anschließend mit Spiralfedern hinter den aus Heki-dur-Modellbauplatten gefertigten Tunnelportalen.
Erst nachdem die Brücke den genannten Kriterien entsprechend im Lot saß, formte ich den typischen Jurakalkfelsen der Schlucht mit Alabastergips. Als Basis diente mir ein solides Holzgerüst, an dem ich das Aluminiumgewebe zur Verankerung der Modelliermasse befestigen konnte. Die spezielle Oberflächenstruktur dieses Gebirges erforderte nur wenig Nacharbeit durch senkrechtes Abziehen mit einer breiten Sgraffito-Schlinge. Nach dem Erhärten des Gipses und erfolgter absperrender Grundierung trug ich die verschiedenen Lasuren, bestehend aus Erdpigmenten und Bier, mit dem Schwamm auf. Danach bedurfte es lediglich noch einer konservierenden Fixierung mit Sprühmattlack auf Nitrozellulose-Basis.

Abbildung oben:
Ein BLS-Leichtschnellzug im Stil der sechziger Jahre mit vorgespannter Ae 6/8 (Roco) fährt von Westen her auf die Brücke.

Abbildung Seite 146:
Der modernste Schnellzug der BLS mit vorgespannter Re 4/4 – „Lok 2000".

Interessanter Fahrbetrieb im Hobbyraum:
Computergesteuerte HO-Anlage in U-Form

Zum Bau der hier vorgestellten Anlage erhielt ich den Auftrag von einem Privatmann. Sie sollte in einem größeren Hobbyraum aufgestellt werden, eine realistische Landschaftsgestaltung aufweisen und möglichst viel fahrbetriebstechnische Möglichkeiten bieten. Da von einer vorangegangenen Anlage noch sehr viel gut erhaltenes Material übrig war und hier mitverwendet werden sollte, war ferner auch die Verwendung von Märklin-K-Gleisen vorgegeben.

Nachdem ich den als Anlagenstandort in Frage kommenden Raum besichtigt hatte, schlug ich einen nahezu raumfüllenden Grundriß in U-Form vor. Ich berücksichtigte dabei einen allseitigen Abstand von 30 cm zu den drei vorgesehenen Stellwänden. Da ich auch hier einen Leistengitterrahmen aus Abachi-Holz, getragen von Stahlrohrfüßen mit Lenkrollen und Niveau-Ausgleich vorsah, konnte die Anlage im Bedarfsfall ganz an eine Wand gefahren werden, wobei sich der Abstand zur jeweils gegenüberliegenden auf 60 cm verdoppelte.

Auf diese Weise entstand genügend Platz, um auch von der Rückseite die allfälligen Reinigungs- und Wartungsarbeiten an den von oben unzugänglichen Gleisen durchführen zu können. Im Betriebsstatus konnte die Anlage dann wieder in die Mitte gerückt werden, wobei der Abstand von 30 cm zu allen Wänden als zwingende Erfordernis gegeben war, um lästige Schattenschläge zu vermeiden. Da der Auftraggeber mich mehrfach darauf hingewiesen hatte, daß er auf der Anlage auch rangieren möchte, und außerdem auch so viel Betrieb wie möglich wünsche, versuchte ich natürlich, diesen Forderungen weitgehend zu entsprechen. Dies war nicht ganz einfach, da mir nur knapp 15 m² zur Verfügung standen und die längste Schenkelseite nur 4,85 m maß. Für ein Nebenbahnmotiv wäre diese Fläche ausreichend gewesen, doch für einen Verkehr mit mindestens 2 m langen Reisezügen mußte ich mir schon etwas einfallen lassen.
Mit dem hier gezeigten Plan fand ich schließlich eine Lösung, die unter den gegebenen Bedingungen die Kundenwünsche optimal erfüllte. Glanzstück ist der im linken Schenkel gelegene Bahnhof.
Eigentlich handelt es sich um zwei Bahnhöfe, die zu einem vereinigt sind. Vorn ist es ein Endbahnhof mit angegliedertem Dampf-Betriebswerk, sozusagen als Gegenstück zu dem in der dritten Ebene

Abbildung oben:
Bahnhof mit Vorplatz aus der Vogelperspektive.

Abbildung Seite 148:
Die gesamte Bahnhofsanlage mit Inselbahnsteig und Empfangsgebäude.

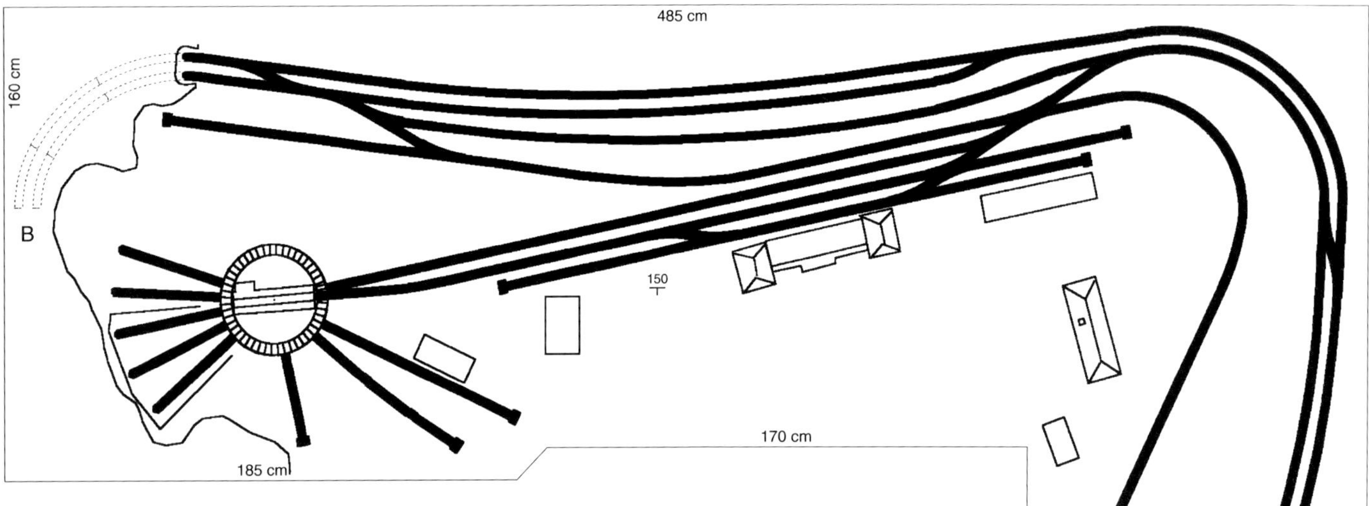

gelegenen Bahnhof im rechten Anlagenteil, zu dem die eingleisige Bergstrecke in eleganten Bögen hinaufführt. Der hintere, viergleisige Durchgangsbahnhof hingegen liegt an der zweigleisigen Magistrale. Durch zwei Inselbahnsteige ist ein unbehinderter Zustieg zu den Reisezügen sichergestellt. Das vordere Empfangsgebäude, mit dem großzügig angelegten Vorplatz, wird als offizielles Dienstgebäude für beide Bahnhöfe genutzt, während das kleine, durch eine nicht sichtbare Unterführung erreichbare Gebäude im Hintergrund lediglich als Wetterschutzhalle mit Dienstzimmer für den Fahrdienstleiter am Seitenbahnsteig dient.
Die vom Bahnhof nach rechts wegziehende, zweigleisige Hauptstrecke windet sich durch die ganze Anlage, um am Ende des rechten Schenkels im Untergrund zu verschwinden. Sie taucht erst in der gegenüberliegenden Ecke, kurz vor der Bahnhofseinfahrt, wieder auf. Zahlreiche Gleisverbindungen in der unteren Ebene, ein großer, zehngleisiger Schattenbahnhof und ein dreigleisiger Ausweichbahnhof bieten so viele Fahrwegvarianten, daß die Steuerung über ein Gleisbildstellwerk an der Platzfrage scheiterte. Daher entschied sich der Klient für eine Computersteuerung in Verbindung mit Märklin-digital und beauftragte die Firma Soft-Lok (Schapals) mit der Installation.
In Anbetracht der zahlreichen Gleisverbindungen in der unteren Ebene war der Aufbau des Spantengerüstes vor allem im rechten Schenkel sehr schwierig, zumal ich die Anlage, der beengten Verhältnisse in den Zugängen zum Hobbyraum wegen, in sieben Elemente unterteilen mußte.

Gleisplan zu den Strecken in den oberen Ebenen.

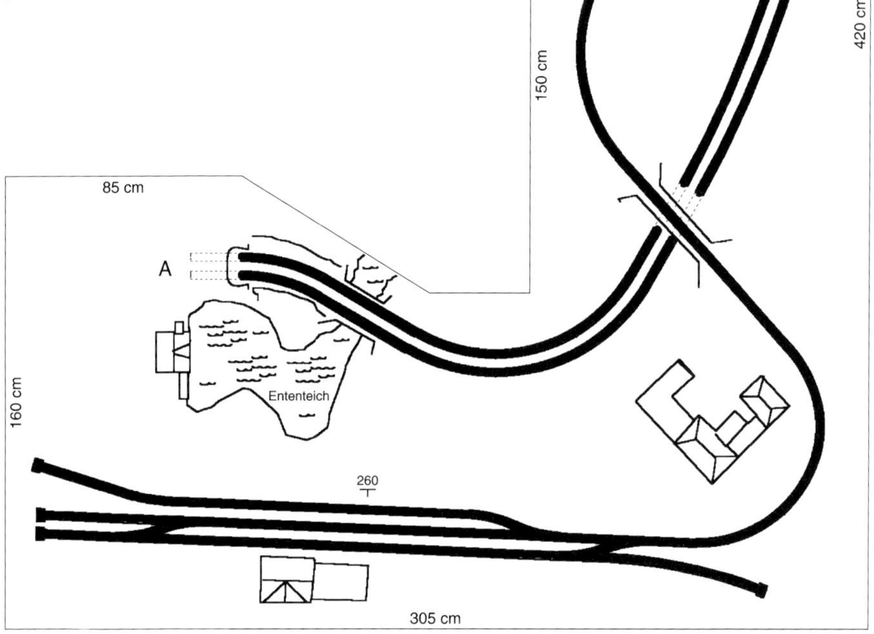

Außerdem war ich gezwungen, die Schattenbahnhöfe und einige Strecken in der unteren Ebene betriebsfertig zu verlegen, bevor ich die Vertikalspanten aufleimen und die großen Deckplatten zur Aufnahme des Bahnhofsareals aufschrauben konnte.
Der besseren Schalldämmung wegen verlegte ich sowohl innerhalb der sichtbaren als auch der unsichtbaren Anlagenbereiche die Gleise auf Heki-Gleisbettungen aus Naturkork, die ich mit Uhu-Greenit auf die Trassen klebte. Die schwellenoberkantenbündige Einschotterung unter Verwendung von Heki-Latex und Natursteinschotter nahm ich hingegen nur innerhalb der sichtbaren Anlagenbereiche vor, wobei ich öfter die Schotterfarbe wechselte, so wie man dies auch beim Vorbild häufig sieht. Ich erzielte auf diese Weise sehr interessante Effekte.
Wie bei den meisten größeren Anlagen verspannte ich nur die Hauptstrecke und die dazugehörenden Gleise im hinteren Durchgangsbahnhof mit der Oberleitung. Ich wählte hierzu die Streckenmasten

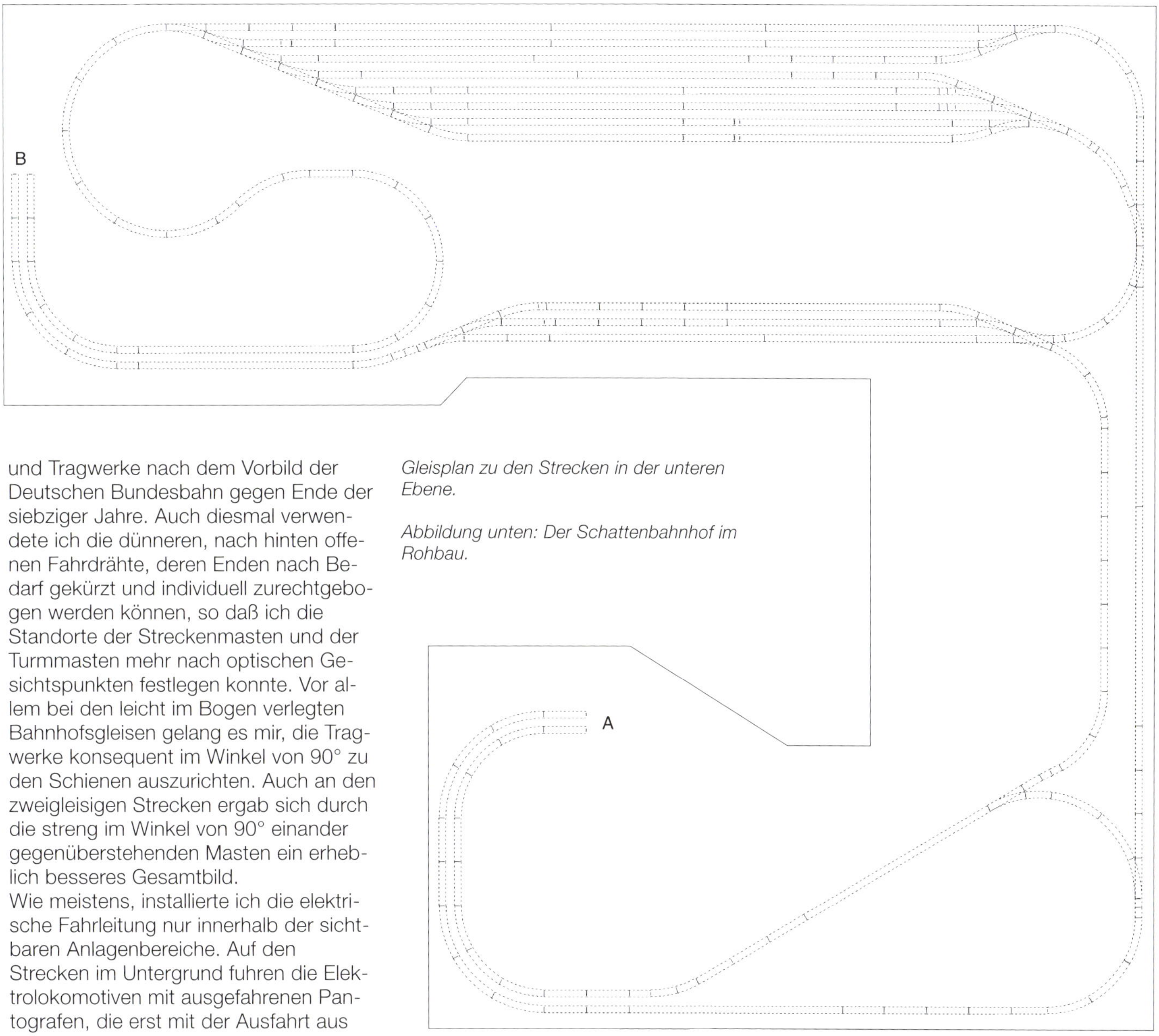

und Tragwerke nach dem Vorbild der Deutschen Bundesbahn gegen Ende der siebziger Jahre. Auch diesmal verwendete ich die dünneren, nach hinten offenen Fahrdrähte, deren Enden nach Bedarf gekürzt und individuell zurechtgebogen werden können, so daß ich die Standorte der Streckenmasten und der Turmmasten mehr nach optischen Gesichtspunkten festlegen konnte. Vor allem bei den leicht im Bogen verlegten Bahnhofsgleisen gelang es mir, die Tragwerke konsequent im Winkel von 90° zu den Schienen auszurichten. Auch an den zweigleisigen Strecken ergab sich durch die streng im Winkel von 90° einander gegenüberstehenden Masten ein erheblich besseres Gesamtbild.
Wie meistens, installierte ich die elektrische Fahrleitung nur innerhalb der sichtbaren Anlagenbereiche. Auf den Strecken im Untergrund fuhren die Elektrolokomotiven mit ausgefahrenen Pantografen, die erst mit der Ausfahrt aus den Tunneln durch spezielle Fangbügel auf das allgemeine Fahrdrahtniveau heruntergedrückt wurden. Hinter diesen Fangbügeln befestigte ich auch die zur Fahrdrahtverspannung erforderlichen Spiralfedern.
Neue Wege beschritt ich mit der Gestaltung der beiden in den Gleisbögen liegenden Inselbahnsteigen. Hierzu verwendete ich entsprechend zugeschnittene Leisten aus Abachi-Holz als Bahnsteigkanten, die ich an zuvor in Reihen eingeleimte Drahtstücke mit Hilfe von passenden Stegen klemmte.
Die so entstandene Schalung füllte ich mit dünnflüssig angemachtem Modell-

Gleisplan zu den Strecken in der unteren Ebene.

Abbildung unten: Der Schattenbahnhof im Rohbau.

gips aus. Bahnsteige dieser Art sieht man häufig auch beim Vorbild in ländlichen Bahnhöfen. Da man in dem eingebrachten Gips nach seiner Erhärtung beliebig Bohrungen anbringen konnte, gab es auch, im Gegensatz zu den vorgefertigten Plastikbahnsteigen, beim Aufstellen von Bogenlampen, wie in den Abbildungen gezeigt, keine Probleme.
Sowohl die Tunnelportale als auch die auf der Felsnase im rechten Eckteil thronende Burgruine fertigte ich aus Sperrholz.
Anschließend verkleidete ich die Oberflächen mit Heki-dur-Modellbauplatten. Das Gelände, einschließlich der Gebirgsstrukturen, formte ich, wie üblich, mit Alabastergips. Ich wählte dieses Mal ein stark mit Eisenerzadern durchsetztes Kalkschiefergestein mit Lößauflagen. Vor allem die Felsenbilder im mittleren und rechten Anlagenteil erforderten einen hohen Zeitaufwand beim Herausarbeiten der Strukturen durch den ständigen Richtungswechsel der geologischen Schichtlinien, wie er für diese spezielle Gesteinsart typisch ist.
Auch die anschließende Lasurarbeit gestaltete sich durch das Einwischen der Ausschwemmungen in den unterschiedlichsten Oxidfarben sehr schwierig. Und

Abbildung oben:
Bahnhofsgleise mit Inselbahnsteig

Abbildung links:
Montage der Bahnsteigschalung

Abbildung unten:
Einbringen des Modellgipses in die Schalung.

Abbildung oben:
Blick von hinten auf den Inselbahnsteig. Im Hintergrund sieht man das Empfangsgebäude mit Seitenbahnsteig.

letztlich war es auch notwendig, bestimmte Details mit dem Malpinsel nachzuarbeiten, bis der Gesamteindruck den Vorbildern entsprach, die ich fotografiert hatte und deren Abbildungen ich als Vorlagen benutzte.

Besondere Aufmerksamkeit widmete ich dem Geländebau. Als ich nämlich gerade dabei war, die Grünflächen zu gestalten, hatte die Firma Heki sogenannte Bodendeckermatten entwickelt, die ich auf dieser Anlage testen sollte. Außerdem wurde unter der Bezeichnung „Wildgras“ eine 6 mm lange Grasfaser neu in das Lieferprogramm aufgenommen, die es auszuprobieren galt.

Gleichzeitig konnte ich die auf diese Weise mit den neuen Werkstoffen gestalteten Geländedetails als Motive für die Fotos benutzen, wie ich sie später zur Illustration der verschiedenen Werbemittel und nicht zuletzt auch der von mir noch zu bearbeitenden Bildbände benötigte. Eigentlich hatte ich schon lange nach

Abbildung oben:
Überformen des Spantengerippes mit dem Trägergewebe aus Aluminium.

Abbildung rechts:
Ausstechen der Gesteinsstruktur aus dem aus Alabastergips vorgeformten Gebirge. Man benutzt hierzu Stechbeitel, Schnitzmesser und Sgraffito-Schlingen.

Abbildung Seite 155:
Der fertig gestaltete und mit Bierlasur farbig behandelte Gebirgsstock. Bei dem Fahrzeug im Vordergrund handelt es sich um den Oldtimer-Elektro-Triebwagenzug ET 85 der DB.

Abbildung oben:
Grasbeflockung mit Hilfe des Elektrostates. Hierbei wird mit einer Spannung von 130 000 Volt die synthetische Grasfaser in das Kleberbett eingeschossen.

Abbildung oben links:
Einbringen der Latex-Einbettmasse in den zu beschotternden Gleiskörper.

Abbildung Mitte links:
Schwellenoberkantenbündiges Einschottern des Gleiskörpers mit Heki-Naturschotter.

Abbildung unten links:
Die vorbildgetreu geschotterte Strecke. Im Vordergrund der mit Langflorfaser und Bodendeckermnatten gestaltete unkultivierten Grasflächen zwischen Bahndamm und Kohlenhandlung.

Abbildung oben:
Ein gelungenes Motiv. Man beachte die schöne Blumenwiese im Vordergrund.

geeigneten Möglichkeiten gesucht, die stets etwas langweilig wirkenden Wiesenflächen zu beleben. Denn so makellose Rasenflächen, wie sie sich zunächst bei der elektrostatischen Beflockung mit der normalen, also kurzen synthetischen Grasfaser ergeben, findet man in der Regel nur in Ziergärten oder frisch abgeweideten Matten.
Ansonsten, insbesondere innerhalb der Bahnkörpersicherungsbereiche, sind die Grünflächen mehr oder weniger von kleinen Stauden und Grasbüscheln durchsetzt und, je nach Jahreszeit, außerdem auch durch Wildblumen farbig gesprenkelt. Die neuen Bodendeckermatten unter der Bezeichnung „Heki-Dekovlies", die sich auch ausgezeichnet zur Restaurierung von unansehnlich gewordenen Altanlagen eignen, habe ich hier zur Belebung der nichtbeweideten Grasflächen mehr büschelweise unter Verwendung von Uhu-Sprühkleber auf die bereits zuvor beflockten Flächen geklebt.
Wie auf den Abbildungen zu sehen ist, konnte ich auf diese Weise interessante Details in steppenähnlichem Wildwuchs gestalten, wie zum Beispiel zwischen der Kohlenhandlung und der Nebenbahntrasse.
Eine völlig neue Anwendungstechnik eröffnete sich mir mit den neuen 6 mm langen Langflor-Grasfasern, die allerdings nur mit dem elektrostatisch arbeitenden Handbeflockungsgerät aufgebracht werden konnten. Die Einbettung der leicht angefeuchteten Faser erfolgte unter einer Spannung von etwa 70 kV in das noch frisch aufgetragene Kleberbett aus verdickter Dispersionsfarbe. Von der dabei erzielten Flächenwirkung war ich begeistert. Erstmals gelang mir hier auch der Effekt einer üppig hochgewachsenen Wiese. Und durch Überhauchen mit Uhu-Sprühkleber und anschließendem, sparsamem Einstreuen ausgesiebter Makro-Blütenflocken gelang mir außerdem auch die volle Farbenpracht nach dem Vorbild einer natürlichen Wildblumenflora sehr eindrucksvoll.

Das Gewässer im rechten hinteren Anlagenteil, ein kleiner Quelltopf mit Abfluß zum Anlagenrand hin, gestaltete ich mit Faller-Gießmasse. Interessant ist die alte, wasserbetriebene Wappenschmiede mit oberschlächtigem Wasserrad, das über eine hölzerne Rinne von einer oberhalb in der Felswand austretenden Quelle gespeist wird.
Die fertig gestaltete Anlage fand große Anerkennung. Die in ihrer Farbigkeit harmonisch ausgewogene Landschaft konnte jedoch nur deshalb voll zur Geltung kommen, weil mit dem hellblau gespritzten Wolkenhintergrund ein natürlich wirkender Horizont geschaffen wurde. Ohne diese Voraussetzung wäre alle Mühe im Sinne einer realistischen Darstellung vergebens gewesen, ein Umstand, der in der Praxis immer noch viel zu wenig Beachtung findet.

Mit diesem Werk endet meine zweite große Schaffensperiode. Mehr als zwanzig Jahre handwerkliche Erfahrung stecken in den Details dieser Anlage, und ich bin dem Schicksal dankbar, daß meine Kunst bei einem breiten Publikum so große Anerkennung fand und immer noch findet.
Vielleicht war ich deshalb mit meinen Arbeiten so erfolgreich, weil ich – als Teil meiner Lebensphilosophie – stets fest daran glaubte, daß Gott uns so geschaffen hat, wie wir sind, damit wir uns am Werk seiner Hände erfreuen und immer wieder einmal selbst versuchen, es ihm in den kleinen Dingen des täglichen Lebens schöpferisch nachzutun.

Abbildung oben:
Die Anlagenecke mit Burgruine und Oldtimer-Eilzug im Vordergrund.

Abbildung Seite 158:
Die wasserkraftbetriebene Hammerschmiede mit kleinem Karsee im hinteren Anlagen-schenkel.

Hinweis:
Alle in den Aufnahmen dieses Werkes mit abgebildeten Figuren wurden mir freundlicherweise von der Firma Paul Preiser GmbH, Kleinkunstwerkstätten in D-91628 Steinsfeld, als Fotomuster zur Verfügung gestellt.
Bei den abgebildeten Kraftfahrzeugmodellen handelt es sich um die Fabrikate Faller, Herpa, Roco, Wiking, Roßkopf und Brekina.